湖南省自然科学基金青年项目（2018JJ3132），媒介融合背景下基于扩展灰数和云模型的影视推荐方法研究

湖南省哲学社会科学基金青年项目（17YBQ038），基于灰信息的工业旅游资源评价方法研究

湖南省社会科学成果评审委员会课题（XSP18YBZ158），基于犹豫模糊语言的湖南工业旅游资源评价

湖南省教育厅课题（17C0510），基于犹豫模糊语言信息的食品包装评价方法研究

基于
扩展灰数 的
随机多准则决策方法

周欢 著

Stochastic Multi-criteria

Decision-making Methods Based on

Extended Grey Numbers

吉林大学出版社

图书在版编目（CIP）数据

基于扩展灰数的随机多准则决策方法 / 周欢著 . —
长春：吉林大学出版社，2018.6
ISBN 978-7-5692-2370-5

Ⅰ . ①基… Ⅱ . ①周… Ⅲ . ①灰色决策—决策方法—
研究 Ⅳ . ① N94

中国版本图书馆 CIP 数据核字（2018）第 116447 号

书　　名　基于扩展灰数的随机多准则决策方法
　　　　　JIYU KUOZHAN HUISHU DE SUIJI DUOZHUNZE JUECE FANGFA
作　　者：周　欢 著
策划编辑：李承章
责任编辑：安　斌
责任校对：陈　曦
装帧设计：汤　丽
出版发行：吉林大学出版社
社　　址：长春市人民大街 4059 号
邮政编码：130021
发行电话：0431-89580028/29/21
网　　址：http://www.jlup.com.cn
电子邮箱：jdcbs@jlu.edu.cn
印　　刷：北京市金星印务有限公司
开　　本：787mm×1092mm　　1/16
印　　张：13.25
字　　数：150 千字
版　　次：2018 年 8 月　第 1 版
印　　次：2018 年 8 月　第 1 次
书　　号：ISBN 978-7-5692-2370-5
定　　价：46.00 元

前　言

灰色多准则决策和随机多准则决策均为现代决策科学的重要组成部分，国内外诸多学者对其进行了相关研究，并取得了大量成果。作为灰色和随机决策的拓展，灰色随机多准则决策兼具灰色性和随机性两种特征，是现实经济社会中常见的一类问题，对其进行研究具有重要的理论和实际意义。在现有的灰色随机多准则决策问题中，决策者对方案的评价值可能表现为离散形式、连续形式或离散连续并存等多种形式。此时，集合了离散灰数和区间灰数特点的扩展灰数在描述此类信息方面具有明显的优势。目前，针对扩展灰数基础理论及其相关灰色随机多准则决策问题的研究才刚刚起步，研究成果还比较匮乏。为此，本书在全面、深入分析相关文献的基础上，对准则值为扩展灰数的随机多准则决策问题进行了系统地研究。主要工作包括以下几个方面：

（1）定义了扩展灰数新的比较规则和广义距离公式，并在此基础上提出了几种扩展灰数距离算子。针对效用函数信息完全的灰色随机多准则决策问题，提出了两种基于期望效用和距离的灰色随机多准则决策方法。首先，将扩展灰数广义距离和 VIKOR 方法相结合，提出了基于期望效用和拓展 VIKOR 的灰色随机多准则决策方法。然后，根据扩展灰数有序加权平均广义距离算子提出了基于期望效用和距离算子的灰色随机多准则决策方法，并进行了比较分析。

（2）提出了将扩展灰数随机变量转化为累积分布函数形式的方法，定义了扩展灰数随机优势准则和扩展灰数随机优势度。针对仅具有部分效用函数信息的灰色随机多准则决策问题，将扩展灰数随机优势关系和随机优势度与优序关系模型结合起来，提出了基于随机优势和 PROMETHEE Ⅱ 的灰色随机多准则决策方法与基于随机优势和 ELECTRE Ⅲ 的灰色随机多准则决策方法，并进行了比较分析。

（3）定义了区间灰数优序关系模型、扩展灰数优序关系模型和扩展灰数绝对优势关系模型。针对信息大量缺失情况下的灰色随机多准则决策问题，将扩展灰数优序关系和绝对优势关系模型与随机多目标可接受度分析结合起来，提出了两种决策方法。首先，根据各方案之间的扩展灰数优序关系提出了基于 SMAA-ELECTRE 的灰色随机多准则决策方法。然后，根据各方案之间的扩展灰数绝对优势关系提出了基于 SMAA-AD 的灰色随机多准则决策方法，并进行了比较分析。

（4）考虑到决策者的非理性因素和实际决策的日益复杂化，结合有限理性行为理论提出了三种灰色随机多准则决策方法。首先，针对概率确定的灰色随机多准则决策问题，构建了扩展灰数前景理论框架，结合 SMAA 方法来确定方案排序；其次，针对概率不完全确定的灰色随机多准则决策问题，构建了扩展灰数后悔理论框架，然后结合 TOPSIS 方法对方案进行排序；再次，针对概率完全不确定的灰色随机多准则决策问题，用 Hurwicz 模型对扩展灰数随机变量信息进行处理，然后结合 TODIM 方法对方案进行排序。

（5）将本书提出的灰色随机多准则决策方法应用于 Z 市汽车及零部件产业储备项目选择问题。通过在不同情况下运用不同类型的灰色随机多准则方法进行处理，决策者可以更好地对储备项目进行评价。

许多人对本书的内容有过重要的贡献，首先我要重点感谢中南大学的王坚强教授，从一开始的选题、撰写，到反复修改定稿，都离不开王教授的鼓励和指导。我还要感谢高阳教授、胡军华教授和张红宇副教授，他们的意见和建议对本书的形成有很大的帮助。在本书的撰写和修改过程中，还参考了大量的国内外文献，文中对参考文献尽可能地一一标注，在此，我向这些作者表示深深的感谢。由于作者的疏忽，文中有可能出现一些错误或者遗漏，还望读者指正。

周　欢

2018 年 3 月

目　录

1 绪 论

1.1 研究背景、目的及意义

1.1.1 研究背景

决策是人们为了实现特定的目的从多个备选方案中选择最优者的过程，其普遍存在于政治、经济、工业、医学、金融、管理等领域和人们日常生活中。决策的正确与否，不仅关系着企业的兴衰成败和个人的命运，还会影响到国家的利益。随着社会的发展和决策环境的日益复杂化，影响现实决策的不确定因素越来越多，如何在复杂环境中进行科学、合理和有效的决策已变得越来越重要。因此，决策科学越来越受到重视，且引起了国内外诸多学者的广泛关注。

多准则决策（Multi-Criteria Decision-Making，MCDM）是现代决策科学的一个重要的分支，是指在考虑多个准则的情况下，从相互矛盾、不可共度的有限方案集中试图选择决策者最为偏好或最优方案的决策过程[1, 2]。近年来，多准则决策问题已成为决策领域的研究热点，并被广泛应用到诸多领域，如农业[3]、人力资源管理[4]、经济[5]、投资[6]和医疗[7]等。在经典的多准则决策理论中，最优决策是确定的决策环境下得到的，相关理论和方法的研究已较为成熟[8, 9]。然而，在实际中，决策环境往往是复杂和难以预测的，决策者的知识水平也存在一定的局限性，传统的确定性多准则决策理论和方法已不再适用。因此，随着研究的深入，不确定性多准则决策问题逐渐成为热点。

在实际决策问题中，决策信息通常表现为模糊性、随机性和灰色性等不确定性，它们经常在同一个系统中同时存在。目前已有较多针对单一不确定性多准则决策问题的研究，如基于灰色决策信息的灰色多准则决策和基于随机决策信息的随机多准则决策等。也有不少学者开始关注二重或多重不确定性多准则决策问题，如灰色随机多准则决策，它同时具有灰色性和随机性两种特征，此类问题在现实生活中大量存在。

灰数[10]是只知道大概范围而不知道其确切值的数，是一种较好的描述不确定性信息的工具。灰数包含连续灰数、离散灰数和扩展灰数等类型，它们在表达不确定信息方面各有优势。如决策者用年龄区间（区间灰数）18～25岁评价一个人是否年轻会比用单个的年龄值判断更好。然而，有些情况下，离散灰数也许更为合适。如决策信息有可能是18，20和25中间的任何一个数，此时使用离散灰数（18，20，25）能较好地表达此类信息。为了更好地描述决策信息的灰色性，Yang[11]提出了扩展灰数的概念，其将连续灰数和离散灰数结合起来表示事物的灰色性。扩展灰数具有更强的表达不确定性信息的能力，如一公司通过两种渠道筹集投资，其中一种渠道为股东投资1000万或2000万元，另一种渠道为职员投资3000到4000万元，此时离散灰数和连续灰数均无法较好地表示这一信息，而扩展灰数则能较好地描述这一信息。总而言之，作为灰色系统理论中最基本的概念，灰数（包括离散灰数、连续灰数和扩展灰数）在表达部分已知部分未知的信息时具有一定的优势。同时，灰色多准则决策也吸引了诸多学者的关注并被广泛应用到工程设计、供应链管理、经济和水资源保护等领域。

在实际灰色多准则决策问题中，经常会遇到准则值面临若干自然状态的情形，比如某地未来一周的天气有可能存在晴好、多云和下雨等多种状态，某些投资决策问题也有可能面临未来市场情况良好、一般和较差等状态。未来具体将出现哪种状态有可能是无法确定的，决策者仅能对各状态可能发生的概率进行估计，甚至有可能完全无法预估各状态发生的概率，这类问题被称之为灰色随机多准则决策问题。在现有的灰色随机多准则决策问题中，决策信息主要表示为连续型（区间）灰色随机变量形式，但此类表示形式还不能完全覆盖决策者所表达的灰色性和随机性。如不同的专家会给出不同的决策评价信息，有些表示为离散形式，有些表示为连续形式，而有些则表示为离散和连续并存的形式。此时，用扩展灰色随机变量来表达这种灰色性和随机性则是一种行之有效的解决方法，它包含了离散、连续以及离散和连续并存等多种形式。在本书中，将主要研究基于扩展灰数的随机多准则决策方法。

在经典的决策理论中，最优决策往往是在完全理性的假设条件下得到的，然而，随着决策者本身的非理性与决策目标、环境、过程和时间等因素的复杂化和动态化，实际决策往往是基于有限理性的。在本书中，将研究基于完全理性和有限理性的灰色随机多准则决策方法。

本研究已有较好的研究基础，包括扩展灰数的可能度、距离等基础理论以及考虑决策者有限理性行为的灰色随机多准则决策方法等。基于此，本研究将对准则值为扩展灰数形式的随机多准则决策问题进行进一步的研究，根据不同决策环境提出一系列决策方法，并将上述决策模型与方法应用于医药科研项目评价、供应商选择、风险项目评价和产业储备项目评估等实际问题中，以期为科学决策提供相关技术和依据，帮助决策者提高决策质量。

1.1.2　研究目的及意义

（1）研究目的

本研究的主要目的包括以下几个方面：

① 拓展灰色基础理论

扩展灰数是一种非常灵活的不确定信息的描述形式，是灰色系统理论中非常重要的一部分，然而目前其相关研究还比较少见，仅有少量学者对其定义、运算规则和距离测度进行了研究。本书在已有研究的基础上，对扩展灰数的比较规则、距离测度、占优测度、集成算子及其相应的特征和性质等进行系统研究，旨在对灰色基础理论进行拓展。

② 富和完善灰色随机多准则决策理论

本书在深入研究灰色系统理论、随机多准则决策理论和有限理性行为理论等的基础上，将扩展灰数基础理论研究成果和期望效用、随机优势、随机多目标可接受度和有限理性等随机多准则决策理论和方法相结合，并在此基础上提出一系列基于完全理性和有限理性的灰色随机多准则决策方法，将其应用到多个决策领域，以验证这些方法的有效性和可行性，旨在丰富和完善灰色随机多准则决策理论，为决策者做出更为合理和有效的决策提供理论依据。

③扩大灰色随机多准则决策的应用范围

本书分析了医药科研项目评价、供应商选择、风险项目评价和产业储备项目评价等实际决策问题，分别建立了评价指标体系，根据不同情况采用本书提出的灰色随机多准则决策方法进行处理，并与现有研究和实际评价结果进行了比较分析，旨在扩大灰色随机多准则决策的应用范围，更好地满足不同领域决策者的需要。

（2）研究意义

在实际决策问题中，决策信息有可能存在模糊性、随机性和灰色性以及多重不确定性。灰色随机决策是多重不确定性决策的重要组成部分，它同时具有灰色性和随机性两种特征。在灰色随机多准则决策中，随着决策者本身的非理性因素与决策目标、环境、过程和时间等因素的复杂化与动态化，最优决策通常处于完全理性与完全非理性之间，即有限理性决策。在基于完全理性和有限理性的灰色随机多准则决策过程中，决策者对方案的评价值可能表现为离散形式、连续形式和离散连续并存等多种形式。此时离散灰数及连续（区间）灰数都无法较好地解决这类问题，而采用扩展灰数能准确地描述这类信息。但目前针对扩展灰数及其相关随机多准则决策问题的研究还较少。因此，对此类问题进行系统研究，不仅能丰富决策理论与方法的成果，而且能提高实际问题的决策质量，具有重要的理论价值和现实意义。

在理论上，基于完全理性和有限理性的灰色随机多准则决策的相关研究涉及管理学、经济学、运筹学、数学和心理学等多个学科的知识，其研究成果促进了这些学科的整体发展；扩展灰数是一种具有很强灵活性的不确定信息的描述工具，对其距离测度、优序关系模型、随机优势关系等基础理论及其随机多准则决策方法的研究，为灰色决策、随机决策和灰色随机决策问题提供了新的理论分析框架，丰富和完善了不确定性决策理论，具有一定的理论价值。

在实践上，本书所提出的一系列基于扩展灰数的随机多准则决策方法能解决医药科研项目评价、风险投资项目选择、工业污染区治理、森林生态系统管理、供应商选择和产业储备项目评价等实际决策问题，为相关决策人员提供决策分析的依据和参考，具有一定的现实意义。

1.2　国内外研究现状

在现实生活中，同时具有灰色性和随机性的决策问题不胜枚举，因而将两者相结合进行研究具有较高的价值。目前，已有国内外部分学者对其进行了相关研究，如 Chithambaranathan、Kuang、Lahdelma、邓聚龙、刘思峰、陈孝新、刘培德、罗党、王坚强、樊治平、胡军华等及他们的团队。下面将从三个方面进行综述。

1.2.1　灰色多准则决策方法及其应用的研究现状

20 个世纪 80 年代初，邓聚龙教授在对少数据、贫信息不确定问题的研究基础上创立了灰色系统理论，它包含灰色序列算子、灰色关联分析模型、灰色聚类评估模型、灰色系统预测、灰色组合模型、灰色决策模型、灰色规划、灰色投入产出、灰色博弈模型和灰色控制系统等内容[12]，已广泛应用于经济管理、医药卫生、农林、环境、生命和教育等科学领域。灰数是灰色系统理论中的重要研究内容，能较好地表达决策者的偏好信息，其灵活性和实用性引起了众多学者的关注。国内外不少学者，如 Chithambaranathan、Kuang、邓聚龙、刘思峰、陈孝新、朱建军、刘培德、罗党、王坚强等，从完全理性和有限理性两个角度对灰色多准则决策问题展开了分析，取得了不少研究成果。以下将从这两个方面分别进行综述。

（1）基于完全理性的灰色多准则决策方法及应用的研究现状

灰数[12]由邓聚龙教授提出，是只知其大概范围而不知其确切值的数，可用于部分信息已知部分信息未知的决策问题中。灰数（包括离散灰数和区间灰数）可以非常方便地用于描述人们对事物的评价信息，其灵活性和实用性引起了很多学者的关注。考虑到区间灰数的运算规则存在容易放大灰度的缺陷，罗党[13]提出了三参数区间灰数的概念，其特点是除了区间灰数的上下界，还考虑了区间范围内最有可能取值的数。由于离散灰数和连续灰数相结合具有更强的表达不确定性信息的能力，Yang[11]对其进行了研究并提出了扩展灰数的概念。目前，灰数（包括离散灰数、区间灰数、三参数区间灰数、扩展灰数和其他形式的灰数）的相关理论和基于灰数的多准则决策理论和方法已取得大量研究成果，其中区间灰数的相关研究最多，且大部分建立在完全理性基础之上。

在运算规则方面。Wang和Liu[14]给出了区间灰数的运算规则及其相关性质，并定义了区间灰数的和差积商等运算规则；刘思峰等[16]给出了"核"的概念并在此基础上提出了区间灰数的运算规则。以上区间灰数的运算规则存在一个问题，即计算后得到的区间灰数的范围都会变得更大，因此更容易出现信息失真的情况。针对此问题，罗党[13]提出了三参数区间灰数的运算规则，突出强调了区间灰数范围内最重要的点。在扩展灰数相关研究方面，Yang[11]给出了扩展灰数的运算规则；Liu和Fang[17]从"核"的概念出发定义了扩展灰数的运算规则。

在比较规则方面。Ishibuchi和Tanaka[18]采用集合论的方法对区间灰数进行了比较。Kundu[19]基于概率论的观点提出使用左向关系比较区间灰数的大小。Sengupta 和 Pal[20]通过定义可接受度指标来对区间灰数进行比较。Cakir[21]通过定义可能度来比较区间灰数的大小。Cakir[22]通过直角坐标系用直观的方式对区间灰数进行了比较分析。王洁方和刘思峰[23]提出了三参数区间灰数的相对优势度来对其进行大小比较。周欢等[24]定义了扩展灰数可能度用于比较扩展灰数的大小。由此可见，不管是哪一种灰数形式，采用简单的可能度来进行大小比较的研究比较多见。

在距离及相关测度方面。Lin 等[25]定义了区间灰数 Minkowski 距离公式，分别考虑了两个区间灰数上界之间以及下界之间的距离大小。王和陈[26]对 Lin 提出的区间灰数 Minkowski 距离公式中范数 P 进行了讨论，并在此基础上提出区间灰数 Hamming 距离和 Euclidean 距离。谢乃明和刘思峰[27]提出了连续灰数的距离公式，并对其非负性、对称性和三角不等式等性质进行了证明。陈孝新和刘思峰[28, 29]定义了区间灰数相离度，其特点是在相离度公式中考虑了区间灰数灰度的相离程度。陶志富等[30]定义了区间灰数相离度，建立了基于相离度准则的最优化模型。相较于区间灰数，三参数区间灰数和扩展灰数测度方面的研究比较少。罗和王[31]提出了三参数区间灰数距离公式；闫书丽等[32]提出了三参数区间灰数熵测度的概念；在此基础上，王娜等[33]提出了距离熵的概念对三参数区间灰数进行测度。王坚强和王丹丹[34]提出了扩展灰数的 Hausdorff 距离公式，该公式考虑了两个扩展灰数元素之间的最大相离程度。

在基于灰数的多准则决策方法研究方面。除了以上运算规则、比较规则和距离等测度以外，还有不少学者将一些经典的多准则决策理论和方法扩展到灰色决策环境中。Chithambaranathan 等[35]提出了基于 ELECTRE 和 VIKOR 的灰色多准则决策方法。Kuang 等[36]结合 PROMETHEE Ⅱ，提出了一种灰色多准则决策方法。Yan 等[37]构建了灰色 DEMATEL 模型用于聚集群体思想和分析复杂灰色决策问题的因果关系，然后将其用于灰色群决策问题的处理。Su 等[38]提出了一种新的分层灰色 DEMATEL 方法用于改善可持续供应链管理。Xia[39]等提出了区间灰数 DEMATEL 方法用于中国汽车零部件制造分析。Gong[40]提出了一种基于群体偏好的准则值为区间灰数的群决策方法。Chen 和 Luo[41]根据决策者偏好和定性准则值的信任结构形式对区间灰数做白化处理，然后根据证据推理算法对决策问题进行了分析。Cui 等[42]对准则权重未知、准则值为区间灰数的决策问题进行了分析，提出了一种动态多阶段决策方法。罗党[13]对三参数区间灰数进行了讨论并提出了关联度分析方法。Luo 等[43]定义了各方案到正负理想方案之间的距离并提出了一种三参数区间灰数决策方法。罗和王[31]提出了一种基于三参数区间灰数距离的灰色目标决策方法。王坚强和王丹丹[34]提出了基于距离和 TOPSIS 的决策方法。

灰色多准则决策方法有着广泛的应用背景，目前相关应用研究领域包括供应商选择[24]，生态系统评价[25]，投资决策[34]，供应链环境绩效评价[35]和汽车零部件制造[39]等。

（2）基于有限理性的灰色多准则决策方法及其应用研究现状

目前，基于有限理性的灰色多准则决策方法的研究相对较少。陈[44]基于极小化极大后悔的思想对区间灰色多准则决策问题进行了分析，并将其用于雷达接收器维修方案的评估；陈孝新和刘思峰[45]定义了灰数相离度，提出了一种基于最小最大化后悔值法的区间灰数多准则决策方法，然后将其应用于大学学院的评估；闫书丽[46]等基于前景理论提出了三参数区间灰数型群体灰靶决策方法用于解决供应商选择问题；王霞和党耀国[47]结合三参数区间灰数基础理论和前景理论对黄河凌汛实际问题进行了分析。

综上所述，灰数，尤其是扩展灰数有很强的表达不确定信息的能力。虽然目前灰数的基础理论以及基于灰数的多准则决策方法的相关研究有很多，但仍有一些问题需要解决：首先，扩展灰数的理论和应用研究还不够多，其运算规则仍然存在扩大灰度的缺陷，相关的比较规则和距离等测度的研究还不够深入。另外，现有的扩展灰数距离测度仅度量了两个扩展灰数元素之间相离的最大程度，忽略了一部分相离并非最大值的组成部分的相关信息。其次，现有灰色多准则决策的研究大都建立在决策者完全理性的基础上，由于实际决策时决策者通常是有限理性的，因此，灰色多准则决策还有待进一步和经典的有限理性行为理论相结合。

1.2.2 随机多准则决策方法及其应用的研究现状

随机多准则决策问题是社会经济生活中常见的一类问题，其相关研究也引起了国内外学者的关注。目前，随机多准则决策方法的相关研究主要分为四种类型，即基于期望效用理论、基于随机优势、基于随机多目标可接受度分析和基于有限理性分析，下面将分别从这四个方面进行综述。

（1）基于期望效用理论的随机多准则决策方法研究现状

期望效用理论最早由冯·纽曼和摩根斯坦[48]于20世纪中叶提出，是处理不确定性决策问题的基本工具。对随机多准则决策的早期研究主要集中在期望效用理论上，Bernoulli[49]提出了效用的概念和期望效用模型；Bayes[50]提出了贝叶斯理论，对随机决策的概率进行了修正；Von Neumann 和 Morgenstern[51]提出了期望效用模型的公理性系统；Savage[52]提出了主观期望效用模型，形成了相关公理框架。文平和贾达明[53]基于期望效用理论研究了二行动线性决策问题。

期望效用理论[54-57]的基本思想是根据期望效用值对方案进行评价和选优，是最早应用于随机多准则决策的方法。期望效用值的计算需要考虑效用函数和各自然状态的概率分布。然而，因难以设定足够精确的效用函数，期望效用理论在实际应用中存在一定的困难。虽然招致过质疑和挑战，期望效用理论仍然被广泛认同，很多学者在随机多准则决策研究时均考虑了期望效用理论的思想。

（2）基于随机优势分析的多准则决策方法研究现状

20 世纪 90 年代，Martel 和 Zaras[58~60]首次将随机优势（SD）用于随机多准则决策问题，将每个准则下方案两两比较的随机优势关系集结得到方案的总体偏好关系。随后，基于随机优势分析[61~63]的多准则决策方法大量出现[64~67]，其通常结合粗糙集[68~71]、优序关系[72]和交互式程序[73~74]得到方案的排序结果。如 Zaras[75]采用粗糙集理论和方法对随机多准则决策问题进行了排序。在此基础上，Yao 和 Yue[76]将偏好概率进行分级，并应用粗糙集方法对随机多准则决策问题进行了处理；在优序关系方面，Nowak[77]提出了一种基于随机优势准则和 ELECTRE Ⅲ 的方案排序方法。张尧等[78]提出了一种新的基于随机优势和 PROMETHEE Ⅱ 的方法用于解决随机多准则决策问题。在交互式程序方面，Nowak[73~74]将随机优势和交互式方法相结合对离散型随机问题进行了处理。其中随机优势用来对每个准则下的方案进行排名，交互式程序则用来保证决策者和模型之间的通信。随机优势分析仅能判断方案之间的随机优势关系，但并不能反映其强弱程度。为此，有学者定义了随机优势度，如张尧和樊治平[79]定义了随机优势度的计算公式，并提出了一种随机多准则决策方法。张尧和樊治平[80]定义了近似随机优势度，通过对方案的总体相对近似随机优势度的计算对方案进行排序。Liu 等[81]提出了一种基于随机优势度和 PROMETHEE Ⅱ的方法对方案进行排序。

随机优势分析的应用不需要精确的效用函数信息，因而和基于期望效用的随机多准则决策方法相比具有更大的实用价值。然而，直接使用随机优势分析还存在一些问题。首先，并非所有方案之间都存在优势关系，有些方案之间无法通过随机优势准则得到判断结果；其次，方案之间优势关系的强弱不能根据随机优势准则直接得出，而需要借助随机优势度等工具。

（3）基于随机多目标可接受度分析的多准则决策方法研究现状

1998 年，Lahdelma 等[82]提出了一种新的随机多准则决策方法——随机多目标可能度分析（SMAA）方法，它通过效用或价值函数模型反映决策者的偏好。SMAA 可以解决准则信息和偏好信息不完全确定情况下的多准则决策问题[83~84]，其通过逆权重空间的方法计算每个方案排名第一时的可接受度来帮助决策者对方案进行评价。在实际问题中，由于存在边际效用递减，效用或价值函数通常不是线性的，因此，诸多学者还研究了 SMAA 的变体形式[85~93]，包括 SMAA-2、SMAA-3、SMAA-O、SMAA-D、SMAA-A、SMAA-P、SMAA-TRI、SMAA-Choquet 和 SMAA-AD 等。如 SMAA-2[85]通过计算每个方案任意排名的可接受度对原始 SMAA 进行了改进；SMAA-3[86]通过运用ELECTRE Ⅲ中一致性系数代替效用函数来对问题进行分析；SMAA-O[87]

不仅能处理基数数据，还能处理准则值为序数型数据的随机多准则决策问题；Corrente[94]等将 SMAA 和 PROMETHEE 相结合，并将其应用于汽车选择问题。Okul[95]等结合 SMAA 和 TOPSIS，提出了一种随机多准则决策方法，并将其应用于药物的风险效益分析和机械枪的选择。

基于随机多目标可接受度分析的多准则决策方法的优势在于不需要决策者的偏好信息就能对方案进行排序，而且决策结果会随着信息的掌握程度更高而变得更为精确。其问题在于理解较困难和计算量较大等。随着计算机技术的快速发展，SMAA 的计算问题得到了很大解决，也得到了更为广泛的应用。

（4）基于有限理性的随机多准则决策方法研究现状

有些学者考虑到决策者的心理因素，将一些行为决策的理论应用到随机多准则决策问题中，形成了基于有限理性的随机多准则决策方法[96-102]。目前，应用最多的有限理性行为理论为前景理论、后悔理论以及基于前景理论提出来的 TODIM 方法等。胡军华等[97]采用了积累前景理论的思想对动态随机多准则决策问题进行了研究；谭春桥等[98]考虑决策者的心理行为定义了前景随机优势度，并采用 PROMETHEE Ⅱ方法对方案进行排序；郝晶晶等[99]研究了基于阶段发展特征的动态参考点设置方法，提出了基于前景理论的多阶段随机多准则决策方法；Lahdelma 和 Salminen[90]提出了一种基于前景理论和 SMAA 的随机多准则决策方法；张晓和樊治平[100]考虑了决策者的行为因素，构建了前景随机占优关系矩阵解决随机多准则决策问题。前景理论涉及参数较多，且计算相对复杂，因此，不少学者将涉及参数少、计算简单的后悔理论引入随机多准则决策中。张晓等[101]将后悔理论引入随机决策分析中，给出了各准则下方案效用值和后悔值的计算公式；随后，张晓等[102]又给出了方案两两比较的后悔值和欣喜值的计算公式，提出了一种随机多准则决策方法；周欢等[103]构建了扩展灰数后悔理论框架，并结合 TOPSIS 提出了一种灰色随机多准则决策方法。基于有限理性的随机多准则决策方法充分地考虑了决策者的心理因素，因而更加贴近决策实际情况。

除以上四种类型外，还有学者从其他角度进行了相关研究。如王坚强和任剑[104]提出了基于 WC-OWA 算子的随机多准则决策方法；樊治平等[105]提出了方案间成对比较的随机决策方法；任剑和高阳[106]将服从正态分布的随机变量转化为区间数，提出了一种随机决策方法。

随机多准则决策方法的应用领域主要包括投资决策分析[81]、计算机开发项目选择[79]、轻型机枪的选择问题[95]和新产品开发项目选择[98]等。

从上述文献分析可以看出，随机多准则决策方法相关研究较多，但基于有限理性的随机多准则决策方法还相对较少，可以考虑将以上提及的基于期望效用、基于随机优势和基于随机多目标可接受度的随机多准则决策方法拓展到有限理性环境下，结合前景理论、后悔理论和 TODIM 方法等提出相应的决策方法。

1.2.3　灰色随机多准则决策方法及其应用的研究现状

将灰色和随机两者相结合，可以更好地表达决策信息的不确定性，灰色随机多准则决策也因此得到了越来越多的关注。目前，灰色随机多准则决策的相关研究已有一些进展，其中国内学者的研究比较多见。下面将根据准则值的三种不同类型进行综述。

第一种类型是准则值为实数的灰色随机多准则决策。童玉娟和王志国[107]采用将实数准则值和区间概率相乘的方式将决策问题进行简化，提出了一种基于期望效用和投影的方法；王坚强等[108]利用随机优势关系对准则值为实数的灰色随机多准则问题进行了分析，提出了一种优劣势排序方法。此类问题的准则值为确定实数，其灰色性主要体现在区间概率方面，这种决策情形在实际中较为少见，相关研究也较少。

第二种类型是准则值为区间灰数的灰色随机多准则决策。这种类型的相关研究最为多见，大部分采用的是期望效用理论的思想。罗党和刘思峰[109]先利用期望效用理论将决策矩阵进行化简，然后提出了灰色模糊关系法和双基点方法；罗党等[110]定义了灰色区间关联度，提出基于期望效用和理想矩阵的决策方法；王坚强和任世昶[111]定义了区间灰数的标准期望值公式，基于期望可能度对灰色随机多准则决策问题进行了分析；王坚强和周玲[112]给出了灰色隶属度的概念，基于期望效用和 TOPSIS 方法的思想提出决策方法；Zhang 和 Cai[113]将距离和夹角余弦相结合，提出了基于期望效用和灰色关联度理论的方法；胡振华和杜妮[114]定义了偏差函数以确定准则权重，通过构造主、客观判断矩阵对方案进行了排序。除了期望效用理论以外，还有一些学者从有限理性的角度出发对准则值为区间灰数的随机问题进行了研究。王坚强和周玲[115]定义了区间灰数前景价值函数，基于前景理论和离差最大化思想对决策问题进行了分析；丁进进和宋博[116]通过前景理论构建前景价值函数，通过灰色关联分析确定准则权重信息，然后根据综合前景值对方案进行了排序；Li 和 Zhao[117]定义了区间灰数熵，且基于 VIKOR 和前景理论提出了区间灰色随机多准则决策方法。

第三种类型是准则值为扩展灰数的灰色随机多准则决策。扩展灰数在表达不确定信息时具有很强的灵活性，但其相关随机多准则决策方法的研究才刚刚起步。王坚强和王丹丹[34]定义了扩展灰数 Hausdorff 距离公式并对公式中范数取值情况进行了分析，采用期望效用理论对扩展灰数随机变量进行了处理，提出了一种基于距离测度和 TOPSIS 思想的灰色随机多准则决策方法；周欢等[24]定义了扩展灰数可能度和距离公式，考虑决策者的乐观态度提出了一种基于 Hurwicz 和 TODIM 的灰色随机多准则决策方法；周欢等[103]针对准则值为扩展灰数随机变量的决策问题，提出了一种基于后悔理论和 TOPSIS 的灰色随机多准则决策方法。

灰色随机多准则决策方法的应用领域相关文献比较少，主要集中在投资决策分析[107, 109~112, 114, 117]和新产品开发项目选择[108, 115, 116]等方面。

综上所述，灰色随机多准则决策的研究已经取得了一些进展，但还有一些问题值得考虑。首先，现有研究主要集中在准则值为区间灰数的决策问题上，而扩展灰色随机多准则决策相关方法还较少；其次，在对随机变量的处理问题方面，绝大部分现有研究都是采用期望效用理论进行简单的处理，仅有少量学者考虑了有限理性和随机优势分析，而随机多目标可接受度分析则完全未涉及。再次，现有研究的应用领域还比较窄，还有待进一步拓展和完善。

1.2.4　需进一步研究的问题

从以上分析可知，目前针对基于扩展灰数的随机多准则决策问题取得的研究成果还较少，研究还有待进一步深入。因此，从理论和实际应用两个方面可以看出，下面几类问题还需要进一步系统研究。

（1）扩展灰数的基础理论

扩展灰数包含了离散、连续以及离散和连续并存等多种形式，是表达不确定性信息的较好工具。目前针对区间灰数的研究较多，但若将基于区间灰数的多准则决策方法直接用于扩展灰数则在大部分情况下不可行。因此，有必要进一步展开对扩展灰数比较规则、距离测度、占优测度、随机优势关系和算子等方面的基础理论研究。

（2）基于完全理性的灰色随机多准则决策问题

目前针对基于完全理性的随机多准则决策问题的研究较多，但这些问题的准则评价信息为扩展灰数随机变量形式的还比较少。因此，有必要将期望效用、随机优势和随机多目标可接受度等已成熟的随机决策理论和方法进行拓展，提出一系列基于完全理性的决策方法，以适应灰色随机多准则决策问题的需要。

（3）基于有限理性的灰色随机多准则决策问题

在决策时考虑决策者的有限理性可以使建立的决策模型和得到的结果更加合理和符合实际情况。目前，基于有限理性的灰色随机多准则决策方法体系还未形成。因此，有必要结合前景理论和后悔理论等提出一系列基于有限理性的灰色随机多准则决策方法。

1.3 研究内容、创新点和全文结构

本研究拟通过运用文献研究法收集灰色多准则决策、随机多准则决策、灰色随机多准则决策及有限理性等理论、方法及应用的资料，并对这些文献资料进行深入分析，归纳出与本研究有关的信息。针对

离散灰数、区间灰数、扩展灰数和其他表示形式的随机多准则决策问题，构建一系列基于完全理性和有限理性的灰色随机多准则决策模型，并设计出高效的求解算法。最后将这些决策方法应用到医药科研项目评价、供应商选择、风险项目评价和产业储备项目选择等实际决策问题中，以验证本书所提出方法的有效性和科学性。

本书共由 8 章组成，各章的具体内容如下：

第 1 章为绪论。主要介绍本书研究的背景、目的及意义，综述灰色多准则决策方法、随机多准则决策方法和灰色随机多准则决策方法及其应用等相关研究的现状，并在此基础上提出需进一步研究的问题，最后简要说明本书的研究内容、创新点及各章之间的逻辑结构。

第 2 章为理论基础。主要介绍离散灰数、区间灰数和扩展灰数等灰数相关概念，期望效用理论、随机优势和随机多目标可接受度等常见的随机多准则决策理论和方法，前景理论和后悔理论等常见的有限理性行为决策理论，TOPSIS、VIKOR、TODIM、PROMETHEE 和 ELECTRE 等经典的多准则决策方法，旨在为后续章节的研究提供理论分析框架。

第 3 章定义了扩展灰数新的比较规则、广义距离公式和有序加权平均广义距离算子。在扩展灰数距离测度的基础上，将 VIKOR 方法拓展至灰色随机多准则决策环境下，提出一种基于期望效用和拓展 VIKOR 的灰色随机多准则决策方法。在扩展灰数距离算子的基础上，提出了一种基于期望效用和距离算子的灰色随机多准则决策方法。最后，通过和已有基于距离的灰色随机多准则决策方法的比较分析说明了所提出方法的有效性和可行性。

第4章针对扩展灰数的不同形式提出了将其转化为带有累积分布函数形式的方法，定义了扩展灰数随机优势关系和扩展灰数随机优势度。在此基础上，提出了基于随机优势和 PROMETHEE Ⅱ 的灰色随机多准则决策方法与基于随机优势和 ELECTRE Ⅲ 的灰色随机多准则决策方法，并给出方法的具体实现步骤、实例分析和比较分析。

第5章提出了区间灰数优序关系模型、扩展灰数优序关系模型和扩展灰数绝对优势关系模型。对于准则信息和决策者偏好信息不完全的随机决策问题，基于扩展灰数优序关系模型，提出了基于 SMAA-ELECTRE 的灰色随机多准则决策方法。在扩展灰数绝对优势关系模型的基础上提出了基于 SMAA-AD 的灰色随机多准则决策方法，并给出方法的具体实现步骤、实例分析和比较分析。

第6章提出了三种基于有限理性的灰色随机多准则决策方法。首先，对于概率完全确定的灰色随机多准则决策问题，提出了基于前景理论和随机多目标可接受度分析的方法。该方法考虑了决策者的损失规避特征，通过选择多个方案作为参考点计算前景值，并结合 SMAA 方法对方案进行排序。然后，对于概率不完全确定的灰色随机多准则决策问题，提出了基于后悔理论和 TOPSIS 的方法。该方法考虑了决策者的后悔规避特征，通过计算方案的总体感知价值并结合 TOPSIS 的思想对方案进行排序。最后，对于概率不确定的灰色随机多准则决策问题，提出了基于 Hurwicz 和 TODIM 的方法。该方法根据决策者的态度选择乐观系数计算效用值，并结合 TODIM方法对方案进行排序。

第7章为实例分析。对于不同情况下 Z 市汽车及零部件产业储备项目评价问题，运用本书所提出的基于期望效用、随机优势、随机多目标可接受度和有限理性的方法进行了全面分析。

第 8 章对全书的主要研究成果、结论和需要进一步研究的问题进行了分析。

全书的总体逻辑结构如图 1-1 所示。

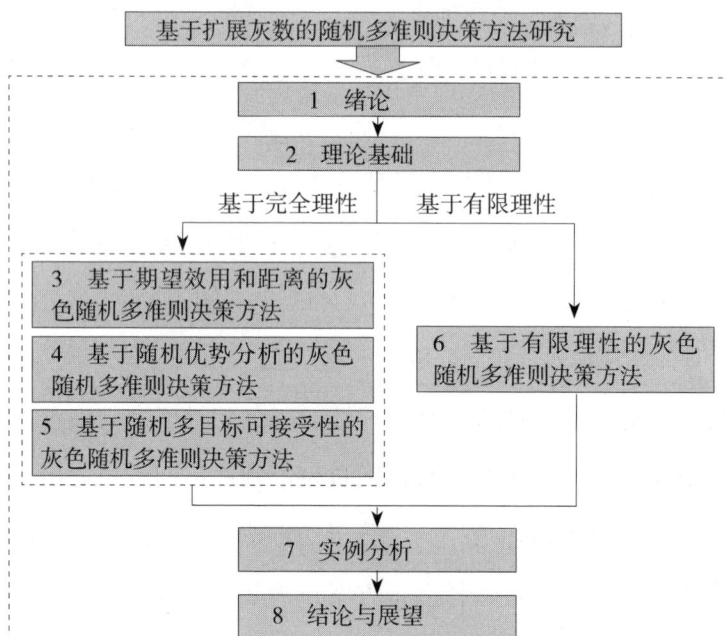

```
          ┌──────────────────────────────────┐
          │  基于扩展灰数的随机多准则决策方法研究  │
          └──────────────────────────────────┘
                          ↓
          ┌──────────────────────────────┐
          │         1   绪论              │
          └──────────────────────────────┘
          ┌──────────────────────────────┐
          │         2   理论基础          │
          └──────────────────────────────┘
            基于完全理性        基于有限理性
     ┌──────────────────────────┐    ┌──────────────────────┐
     │ 3  基于期望效用和距离的灰  │    │ 6  基于有限理性的灰色 │
     │    色随机多准则决策方法    │    │   随机多准则决策方法  │
     │ 4  基于随机优势分析的灰色  │    └──────────────────────┘
     │    随机多准则决策方法      │
     │ 5  基于随机多目标可接受性的 │
     │    灰色随机多准则决策方法  │
     └──────────────────────────┘
                    ↓
          ┌──────────────────────────────┐
          │         7   实例分析          │
          └──────────────────────────────┘
          ┌──────────────────────────────┐
          │         8   结论与展望        │
          └──────────────────────────────┘
```

图 1-1　全书逻辑结构图

本书的主要创新点体现在以下几个方面：

（1）结合灰数和灰色决策的现有研究成果，深入研究了扩展灰数基础理论和方法，定义了扩展灰数广义距离公式、有序加权平均广义距离算子、随机优势准则、随机优势度、优序关系模型、绝对优势关系模型等，提出了一系列灰色随机多准则决策方法。

（2）系统研究了基于期望效用、随机优势、随机多目标可接受度和有限理性的随机多准则决策理论和方法，并将其拓展到了灰色决策环境下，进一步完善了不确定性决策理论体系。

（3）针对基于完全理性和有限理性的灰色随机多准则决策模型的特点，借鉴优化理论和优化算法等方面的最新研究成果，构建了灰色随机多准则决策模型的求解方法。

（4）对 Z 市汽车及零部件产业储备项目评价问题进行了分析，根据实际情况综合运用本书所提出的方法对其进行了处理，为决策者选择产业重点项目提供了参考和依据。

在全书的撰写过程中，使用了较多的变量和参数，涉及的相关数学符号说明如下：每一章涉及的变量和参数的数学符号均重新定义，但同一章中各变量和参数的数学符号表示的含义相同。

2 理论基础

本章对灰色随机多准则决策的理论基础进行分析，首先，对灰数及相关概念进行描述，包括离散灰数、区间灰数和扩展灰数，及其可能度、距离测度等基础理论；其次，介绍常见的随机决策理论和方法，包括期望效用理论、随机优势和随机多目标可接受度；再次，介绍前景理论和后悔理论等常见的有限理性行为决策理论；最后，介绍经典的多准则决策方法，包括 TOPSIS 方法、VIKOR 方法、TODIM 方法、PROMETHEE 方法和 ELECTRE 方法。

2.1 灰数及相关概念

灰数是只知道大概范围而不知道其确切值的数[10]，其取值通常限于某个一般数集或者某个封闭区间。当取值为一般数集时，即为离散灰数；当取值为封闭区间时，即为区间灰数。在实际中，灰数常被用来描述不完全信息，它能有效度量事物的灰色性。

2.1.1 离散灰数和区间灰数

灰数是描述评价信息灰色性的有效工具，其基本定义如下。

定义 2–1[118] 灰数 $\otimes$ 为给定命题 F 信息域 $F(\otimes)$ 下的不确定数，其可能取值集合用 D 表示，真值用 d^* 表示。

定义 2–2[11] 假设 $\otimes$ 是一个灰数，D 是灰数 $\otimes$ 的取值范围集合，则

（1）若 D 是一个离散集合，则 $\otimes$ 被称为离散灰数，记作 $\forall\otimes\Rightarrow d^*\in D$，$D=\{d_1, d_2, \cdots, d_n\}$ 或者 $\otimes =\{d_1, d_2, \cdots, d_n\}$。

（2）若 D 是一个区间，则 $\otimes$ 被称为区间灰数，记作 $\forall\otimes\Rightarrow d^*\in[a, b]$ 或者 $\otimes =[a, b]$；

例 2–1 假设 $\otimes_1=\{18, 20, 25\}$，$\otimes_2=[18, 25]$ 为两个灰数，则根据定义 2–2，可知 $\otimes_1$ 为 18，20，25 三个离散值的集合，即为离散灰数；$\otimes_2$ 是一个取值范围为 18 至 25 之间的区间，即为区间灰数。

在现实生活中，区间灰数比离散灰数应用范围更为广泛，如一头环海豹的体重在 70 到 148kg 之间，一个人的身高在 1.7 到 1.8m 之间等等，这两种情况可以分别用区间灰数 $\otimes_3=[70, 178]$ 和 $\otimes_4=[1.7, 1.8]$ 表示。

大量学者对区间灰数的运算规则、比较规则和距离测度等进行了研究。为方便和扩展灰数相区分，我们用 $\tilde{\otimes}$ 表示区间灰数。

定义 2–3[10] 假设 $\tilde{\otimes}_1=[a, b]$，$\tilde{\otimes}_2=[c, d]$ 为两个区间灰数，参数 λ 为正实数，则区间灰数的运算规则定义如下：

（1）$\tilde{\otimes}_1+\tilde{\otimes}_2=[a+c, b+d]$；

（2）$-\tilde{\otimes}_1=[-b, -a]$；

（3）$\tilde{\otimes}_1-\tilde{\otimes}_2=\tilde{\otimes}_1+(-\tilde{\otimes}_2)=[a-d, b-c]$；

（4）$\lambda\tilde{\otimes}_1=[\lambda a, \lambda b]$。

区间灰数的大小可以通过区间灰数的可能度来比较。Li 等[119] 对区间灰数可能度进行了研究并给出计算公式。

定义 2–4[119] 设 $\tilde{\otimes}_1=[a, b]$ 和 $\tilde{\otimes}_2=[c, d]$ 为两个区间灰数，且 $l(\tilde{\otimes}_1)=b$

$-a$ 和 $l(\tilde{\otimes}_2)=d-c$ 为两个区间灰数的长度，则区间灰数的可能度定义为：

$$p(\tilde{\otimes}_1 \geqslant \tilde{\otimes}_2) = \max\left\{1-\max\left(\frac{d-a}{l(\tilde{\otimes}_1)+l(\tilde{\otimes}_2)}, 0\right), 0\right\} \qquad (2-1)$$

因此，根据可能度，区间灰数 $\tilde{\otimes}_1$ 和 $\tilde{\otimes}_2$ 的关系可以定义如下：

（1）若 $p(\tilde{\otimes}_1 \geqslant \tilde{\otimes}_2) < 0.5$，则说明 $\tilde{\otimes}_1$ 小于 $\tilde{\otimes}_2$，可以记为 $\tilde{\otimes}_1 < \tilde{\otimes}_2$；

（2）若 $p(\tilde{\otimes}_1 \geqslant \tilde{\otimes}_2) = 0.5$，则说明 $\tilde{\otimes}_1$ 等于 $\tilde{\otimes}_2$，可以记为 $\tilde{\otimes}_1 = \tilde{\otimes}_2$；

（3）若 $p(\tilde{\otimes}_1 \geqslant \tilde{\otimes}_2) > 0.5$，则说明 $\tilde{\otimes}_1$ 大于 $\tilde{\otimes}_2$，可以记为 $\tilde{\otimes}_1 > \tilde{\otimes}_2$。

还有学者定义了区间灰数的 Euclidean 距离。

定义 2-5[120] 设 $\tilde{\otimes}_1=[a, b]$ 和 $\tilde{\otimes}_2=[c, d]$ 为两个区间灰数，其 Euclidean 距离公式定义如下：

$$d_e(\tilde{\otimes}_1, \tilde{\otimes}_2) = \sqrt{\frac{1}{2}[(a-c)^2+(b-d)^2]} \qquad (2-2)$$

2.1.2　扩展灰数

为了更好、更全面地表达信息的不确定性，Yang[11] 在离散灰数和连续灰数的基础上提出了扩展灰数，它由若干区间集的并集构成。

定义 2-6[11] 若 D 是一系列区间集的并集，则 $\otimes$ 被称为扩展灰数，其表示形式为：

$$\otimes = \bigcup_{i=1}^{n}[a_i, b_i] \qquad (2-3)$$

其中，$i=1, 2, \cdots, n$，n 为正整数，且 $0 < n < \infty$。$a_i, b_i \in \mathbf{R}$，且 $b_{i-1} < a_i \leqslant b_i < a_{i+1}$。满足公式（2-3）的所有扩展灰数的集合记为 $\mathbf{R}(\otimes)$。

定理 2-1 设 $\otimes$ 为一个扩展灰数，则

（1）$\otimes$ 是一个连续型扩展灰数（区间灰数）$\otimes=[a_1, b_n]$ 当且仅当 $a_i \leqslant b_{i-1}$（$\forall i \geqslant 1$）或者 $n=1$；

（2）$\otimes$ 是一个离散型扩展灰数（离散灰数）$\otimes=\{a_1, a_2, \cdots, a_n\}$

当且仅当 $a_i=b_i$；

（3）⊗是一个混合型扩展灰数（扩展灰数）当且仅当其区间集中部分区间值变为离散值。

在区间灰数的基础上，Yang[11]还定义了扩展灰数的运算规则。

定义 2-7 [11] 设 $\otimes_1=\bigcup\limits_{i=1}^{n}[a_i,\ b_i]$，$\otimes_2=\bigcup\limits_{j=1}^{m}[c_j,\ d_j]$ 为两个扩展灰数，参数 λ 为正实数，则它们的运算规则定义如下：

（1）$\otimes_1+\otimes_2=\bigcup\limits_{i=1}^{n}\bigcup\limits_{j=1}^{m}[a_i+c_j,\ b_i+d_j]$；

（2）$-\otimes_1=\bigcup\limits_{i=1}^{n}[-b_i,\ -a_i]$；

（3）$\otimes_1-\otimes_2=\bigcup\limits_{i=1}^{n}\bigcup\limits_{j=1}^{m}[a_i-d_j,\ b_i-c_j]$；

（4）$\otimes_1\times\otimes_2=\bigcup\limits_{i=1}^{n}\bigcup\limits_{j=1}^{m}[\min\{a_ic_j,\ a_id_j,\ b_ic_j,\ b_id_j\},\ \max\{a_ic_j,\ a_id_j,\ b_ic_j,\ b_id_j\}]$；

（5）$\dfrac{\otimes_1}{\otimes_2}=\bigcup\limits_{i=1}^{n}\bigcup\limits_{j=1}^{m}[\min\{\dfrac{a_i}{c_j},\ \dfrac{a_i}{d_j},\ \dfrac{b_i}{c_j},\ \dfrac{b_i}{d_j}\},\ \max\{\dfrac{a_i}{c_j},\ \dfrac{a_i}{d_j},\ \dfrac{b_i}{c_j},\ \dfrac{b_i}{d_j}\}]$（$c_j\neq0$，$d_j\neq0$）

（6）$\lambda\otimes_1=\bigcup\limits_{i=1}^{n}[\lambda a_i,\ \lambda b_i]$；

（7）$\otimes_1^{\lambda}=\bigcup\limits_{i=1}^{n}[\min(a_i^{\lambda},\ b_i^{\lambda}),\ \max(a_i^{\lambda},\ b_i^{\lambda})]$。

由定义 2-7 可知扩展灰数的运算规则满足以下性质。

性质 2-1 若 $\forall\otimes_1,\ \otimes_2,\ \otimes_3\in R(\otimes)$，设 $\otimes_1=\bigcup\limits_{i=1}^{n}[a_i,\ b_i]$，$\otimes_2=\bigcup\limits_{j=1}^{m}[c_j,\ d_j]$，$\otimes_3=\bigcup\limits_{k=1}^{l}[e_k,\ f_k]$，$a_i\leqslant b_i$（1，2，…，$n$），$c_j\leqslant d_j$（1，2，…，$m$），$e_k\leqslant f_k$（1，2，…，$l$），$\forall\lambda_1,\ \lambda_2\in\mathbf{R}$，$\lambda_1\geqslant0$，$\lambda_2\geqslant0$，则：

（1）$\otimes_1 + \otimes_2 = \otimes_2 + \otimes_1$；

（2）$(\otimes_1 + \otimes_2) + \otimes_3 = \otimes_1 + (\otimes_2 + \otimes_3)$；

（3）$\otimes_1 \times \otimes_2 = \otimes_2 \times \otimes_1$；

（4）$(\otimes_1 \times \otimes_2) \times \otimes_3 = \otimes_1 \times (\otimes_2 + \otimes_3)$；

（5）$(\otimes_1 \times \otimes_2) \times \otimes_3 = \otimes_1 \times \otimes_3 + \otimes_2 \times \otimes_3$；

（6）$\otimes_1 \times (\otimes_2 \times \otimes_3) = \otimes_1 \times \otimes_3 + \otimes_1 \times \otimes_3$；

（7）$\lambda_1 (\otimes_2 \times \otimes_3) = \lambda_1 \otimes_2 + \lambda_1 \otimes_3$；

（8）$\{0\} + \otimes_1 = \otimes_1$；

（9）$\{0\} \times \otimes_1 = \{0\}$；

（10）$\{1\} \times \otimes_1 = \otimes_1$。

根据区间灰数可能度的思想，结合扩展灰数的性质，可知扩展灰数大小可通过扩展灰数可能度比较。周欢等[24]在区间灰数可能度的基础上提出了扩展灰数可能度的计算公式。

定义 2-8[24] 设 $\otimes_1 = \bigcup\limits_{i=1}^{n}[a_i, b_i]$，$\otimes_2 = \bigcup\limits_{j=1}^{m}[c_j, d_j] \in R(\otimes)$，$a_i \leq b_i$（$i=1$，$2$，$\cdots$，$n$），$c_j \leq d_j$（$j=1$，$2$，$\cdots$，$m$），并且假设灰数取值概率分布平均，则扩展灰数可能度为：

$$p(\otimes_1 \geq \otimes_2) = \frac{1}{n \times m} \sum_{i=1}^{n} \sum_{j=1}^{m} p([a_i, b_i] \geq [c_j, d_j]) \qquad (2\text{-}4)$$

与区间灰数相类似，扩展灰数$\otimes_1$和$\otimes_2$之间的关系可以定义如下：

（1）若 $p(\otimes_1 \geq \otimes_2) < 0.5$，则说明$\otimes_1$小于$\otimes_2$，可以记为$\otimes_1 \leq \otimes_2$；

（2）若 $p(\otimes_1 \geq \otimes_2) = 0.5$，则说明$\otimes_1$等于$\otimes_2$，可以记为$\otimes_1 = \otimes_2$；

（3）若 $p(\otimes_1 \geq \otimes_2) > 0.5$，则说明$\otimes_1$大于$\otimes_2$，可以记为$\otimes_1 > \otimes_2$。

为了准确地描述两个扩展灰数之间的相离程度，有学者定义了扩展灰数 Hausdorff 距离[34]。

定义 2-9[34] 设$\otimes_1=\bigcup_{i=1}^{n}[a_i, b_i]$，$\otimes_2=\bigcup_{j=1}^{m}[c_j, d_j] \in R（\otimes）$，$a_i \leq b_i（i=1$，2，$\cdots$，$n$），$c_j \leq d_j（j=1$，2，$\cdots$，$m$），则扩展灰数$\otimes_1$和$\otimes_2$之间的 Hausdorff 距离公式定义如下：

$$d_h（\otimes_1，\otimes_2）=\max\{h（\otimes_1，\otimes_2），h（\otimes_2，\otimes_1）\} \qquad （2-5）$$

其中，$h（\otimes_1，\otimes_2）$为扩展灰数$\otimes_1$到$\otimes_2$的 Hausdorff 距离，$h（\otimes_1，\otimes_2）=\max_{i=1}^{n} \min_{j=1}^{m} \| \tilde{\otimes}_{1i} - \tilde{\otimes}_{2j} \|$，$\tilde{\otimes}_{1i}=[a_i, b_i]$，$\tilde{\otimes}_{2j}=[c_j, d_j]$，$\| \cdot \|$表示任意的范数。当$\| \cdot \|$为$L_p$时，$h（\otimes_1，\otimes_2）=\max_{i=1}^{n} \min_{j=1}^{m} \| \tilde{\otimes}_{1i} - \tilde{\otimes}_{2j} \| = \max_{i=1}^{n} \min_{j=1}^{m} \sqrt[p]{|a_i-c_j|^p+|b_i-d_j|^p}$。由此可知公式（2-5）还可以表示为：

$$d_h（\otimes_1，\otimes_2）=\max\{ \max_{i=1}^{n} \min_{j=1}^{m} \sqrt[p]{|a_i-c_j|^p+|b_i-d_j|^p}，$$
$$\max_{j=1}^{m} \min_{i=1}^{n} \sqrt[p]{|c_j-a_i|^p+|d_j-b_i|^p} \} \qquad （2-6）$$

扩展灰数 Hausdorff 距离公式定义了两个扩展灰数元素之间的最大相离程度。

2.2 常见的随机多准则决策理论和方法

本节拟介绍常见的随机多准则决策方法，包括期望效用理论、随机优势和随机多目标可接受度分析方法。

2.2.1 期望效用理论

Von Neumann 和 Morgenstern[51] 于 1944 年提出期望效用理论（Expected Utility Theory，EUT），认为理性的决策者应该选择期望效用值最大的备选方案。期望效用理论是决策者处理随机决策问题的理论模型假设，其用"效用"评价各备选方案，假定决策者在完全理性下做出最佳决策。二战以来，期望效用理论被广泛应用到经济学、管理学和心理学等学科，受到诸多学者的欢迎。

Von Neumann 和 Morgenstern 构建了期望效用理论的公理化框架。

公理 2-1[51]（完备性，Completeness）在评估任意两个方案 x 和 y 时，决策者总是能判断出其更偏好方案 x 或者更偏好方案 y，或者认为两者没有差别，即 $x > y$（方案 x 优于方案 y）或者 $y > x$（方案 y 优于方案 x），或者 $x \sim y$（方案 x 和 y 方案无差别）。

公理 2-2[51]（传递性，Transitivity）在评估任意三个方案 x，y 和 z 时，如果决策者偏好方案 x 甚于方案 y，且偏好方案 y 甚于方案 z，则可以得出决策者偏好方案 x 甚于方案 z，即 $x > y$ 且 $y > z$，则 $x > z$。

公理 2-3[51]（连续性，Continuity） 在评估任意三个方案 x，y 和 z 时，如果决策者偏好方案 x 甚于方案 y，同时偏好方案 y 甚于方案 z，则必然存在一个实数 $a \in (0, 1)$，使得 $y \sim ax + (1-a)z$。

公理 2-4[51]（独立性，Independence） 对于任意三个方案 x，y 和 z 以及任意实数 $a \in (0, 1)$，$x > y$ 当且仅当 $ax + (1-a)z > ay + (1-a)z$。

如果决策者的偏好关系满足以上四个公理，则可以找到一个取值为实数的效用函数，且决策者的决策原则是获得极大期望效用值（Expected Utility Value，EUV）。

公理 2-5[51] 对于任意两个方案 x 和 y，效用函数满足以下性质：

（1）当 $x > y$ 时，可以得出 $u(x) > u(y)$；

（2）当 $x \sim y$ 时，可以得出 $u(x) \sim u(y)$。

Duarte[121] 给出了期望效用值的计算公式。

设某决策问题有 n 个备选方案 x_i（$i=1, 2, \cdots, n$），面临 1 个自然状态，各自然状态的发生概率为 p_j（$j=1, 2, \cdots, l$），x_{ij} 为方案 x_i 在自然状态 j 下的结果，效用函数用 $u(x)$ 表示，则方案 x_i 的期望效用值计算公式为：

$$E\left(x_i\right) = \sum_{j=1}^{l} p_j u\left(x_{ij}\right) \qquad （2-7）$$

若方案 x_0 满足 $E\left(x_0\right) = \max\limits_{1 \leqslant i \leqslant n} E\left(x_i\right)$，则其将被选择为最佳方案。

期望效用理论对于决策者的偏好关系要求过于严格，因此并不总是能很好地描述决策者的行为。

2.2.2　随机优势

随机优势（SD）的概念于 20 世纪 30 年代被提出，最初被用来解决投资决策问题[77]，随后被广泛用于经济和财政领域[60, 122]。20 世纪 90 年代，Martel 和 Zaras[58] 将随机优势用于随机多准则决策，其特点是只需要部分效用函数信息就能解决随机多准则决策问题。

Zaras 和 Martel[58] 分别针对风险规避型和风险偏好型的决策者提出了两组随机优势，由于绝大部分决策者是风险规避型的，因此随机优势可以分为一阶随机优势（First Stochastic Dominance，FSD）、二阶随机优势（Second Stochastic Dominance，SSD）和三阶随机优势（Third Stochastic Dominance，TSD）。

定义 2-10[73] 设 F_i 和 F_j 分别为随机变量 x_i 和 x_j 的累积概率分布函数，$u\left(x\right)$ 表示效用函数，各等级随机优势定义如下：

（1）假设 $u'\left(x\right) \geqslant 0$，则有第一阶随机优势（FSD）：

$F_i FSD F_j \Leftrightarrow F_i \neq F_j$，且 $\forall x \in [m, M]$，$H_1\left(x\right) = F_i\left(x\right) - F_j\left(x\right) \leqslant 0$。

（2）假设 $u'\left(x\right) \geqslant 0$，$u''\left(x\right) \leqslant 0$，则有第二阶随机优势（SSD）：

$F_i SSD F_j \Leftrightarrow F_i \neq F_j$，且 $\forall x \in [m, M]$，$H_2\left(x\right) = \int_m^\lambda H_1\left(y\right) \mathrm{d}y \leqslant 0$。

（3）假设 $u'\left(x\right) \geqslant 0$，$u''\left(x\right) \leqslant 0$，$u'''\left(x\right) \geqslant 0$，则有第三阶随机优势（TSD）：

$F_i TSDF_j \Leftrightarrow F_i \neq F_j$，且 $\forall x \in [m, M]$，$H_3(x) = \int_m^\lambda H_2(y)\,\mathrm{d}y \leqslant 0$ 且 $E(F_i) \geqslant E(F_j)$。

其中 $[m, M]$，表示随机变量的取值范围。类似地，还可以定义四阶或者更高阶的随机优势，不过更高阶随机优势在实际中应用较少[123]。

性质 2-2[78] 根据上述随机优势准则，可知其有如下性质：

（1）如果 F_i 一阶随机占优于 F_j，则 F_i 二阶随机占优于 F_j；如果 F_i 二阶随机占优于 F_j，则 F_i 三阶随机占优于 F_j。

（2）如果 $F_i SD_h F_j$（$h=1, 2, 3$），则不存在 $F_j SD_h F_i$。

（3）令 F_i，F_j 和 F_k 分别为随机变量 x_i，x_j 和 x_k 的累积概率分布函数，如果 $F_i SD_h F_j$ 且 $F_j SD_g F_k$，则 $F_i SD_l F_k$，其中，$h, g \in 1, 2, 3$，$l=\max\{h, g\}$。

与期望效用理论相比，随机优势分析因不需要完全的效用函数信息而具有一定的优势，但其也存在一些局限性。首先，并非所有方案之间都能判断随机优势关系；其次，随机优势的等级和偏好的强弱不存在一致性。

2.2.3 随机多目标可接受度

随机多目标可接受度分析（SMAA）最早由 Lahdelma 等[82] 提出，其通过逆权重空间的方法在准则值不精确和决策者偏好信息未知的情况下计算各备选方案可接受度，并通过可接受度的大小对方案进行排序，是一种有效的解决信息大量缺失情况下的随机多准则决策方法。

SMAA 最初用于政府公共项目的选择，能在政府决策者偏好信息未知情形下帮助决策者选择出最好的公共项目。除了权重信息完全缺失情形以外，SMAA 还可以解决权重信息部分缺失和完全已知等情形下的多准则决策问题，因而在实际决策中有明显的优势，而且随着信息量的增加，决策精度会不断提高。

SMAA 有一系列变体形式，本小节拟介绍原始 SMAA 方法和 SMAA-2 方法。

（1）原始 SMAA 方法

设有 n 个方案 x_i（$i=1, 2, \cdots, n$），m 个评估准则 c_j（$j=1, 2, \cdots, m$），相应的准则权重信息为 $\boldsymbol{W}=(w_1, w_2, \cdots, w_m)$，满足 $w_j \in [0, 1]$ 和 $\sum_{j=1}^{m} w_j=1$。

若各方案在各准则下的评估值是随机的，则可用 ξ_{ij} 表示方案 x_i 在准则 c_j 下的评估值，其联合概率密度函数用 $f(\xi)$ 表示，假设各准则之间相互独立，则

$$f(\xi) = \prod_{ij} f_{ij}(\xi_{ij}) \tag{2-8}$$

根据上述联合概率密度函数，用 $u_j(\xi_{ij})$ 表示 ξ_{ij} 的标准化函数，可以得到方案 x_i 在准则 c_j 下的效用的期望值 u_{ij}，其公式如下所示：

$$u_{ij} \int_r f(\xi) u_j(\xi_{ij}) \, dr \tag{2-9}$$

对 u_{ij} 进行加权求和，可以得到方案 x_i 的总体效用值的期望 u_i，其计算公式为：

$$u_i(\xi_i, w) = \sum_j w_j u_j(\xi_{ij}), \quad w \in W \tag{2-10}$$

SMAA 采用逆权重空间的方法，即找出能使方案 x_i 排名第一的权重集合 W_i：

$$W_i(\xi)=\{w \in W: u_i(\xi_i, w) \geqslant u_k(\xi_k, w), k=1, 2, \cdots, m; \ k \neq i\} \tag{2-11}$$

能使方案 x_i 排名第一的权重空间面积计算公式为：

$$E(vol(W_i(\xi))) = \int_\xi f(\xi) \int_{Wi(\xi)} dw d\xi \tag{2-12}$$

假设权重在总体权重区域内均匀分布，则使方案 x_i 排名第一的权

重空间面积与整体权重空间面积的比值可以用来表示方案 x_i 的可接受度 a_i。

$$a_i = E(vol(W_i(\xi)))/vol(W) \qquad (2\text{-}13)$$

方案 x_i 的中心权向量的计算公式为：

$$\boldsymbol{w}^{\phi}_i = \int_{\xi}(f(\xi)\int_{W_i(\xi)}\mathrm{d}w\mathrm{d}\xi(W))\mathrm{d}\xi \qquad (2\text{-}14)$$

各方案各准则下的评估值不完全确定，我们用置信度系数 p_i^c 来衡量每个方案准则值的精确度，其计算公式为：

$$p^{\phi}_i = \int_{\xi:W_i(\xi_i,w^{\phi}_i)\geqslant W_k(\xi_i,w^{\phi}_i)}f(\xi)\mathrm{d}\xi \qquad (2\text{-}15)$$

原始 SMAA 方法主要通过比较各方案的可接受度的大小对方案进行排序，可接受度越大，则方案越优。置信度的大小可以反映方案排序结果的精确性。

（2）SMAA-2 方法

原始 SMAA 方法只关注方案排序第一时的可接受度，而未关注方案排序第二或其他排序的可接受度，这可能会带来一些问题：首先，个别准则值比较极端的方案可能会获得较高的可接受度；其次，准则值比较接近的方案可能会彼此削弱可接受度；再次，各准则评价值比较折中的方案可能会获得较低的可接受度[124]。为了弥补原始 SMAA 方法的缺陷，Lahdelma 和 Salminen[85] 提出了 SMAA-2 方法。SMAA-2 方法考虑了方案任意排序的可接受度，因而更加实用。

首先，SMAA-2 方法定义了方案排序的计算公式：

$$rank(i,\xi,w) = 1 + \sum_{k\neq i}\rho(u(\xi_k,w) > u(\xi_i,w)) \qquad (2\text{-}16)$$

其中，$\rho(true)=1$，$\rho(false)=0$。以上定义的排序函数得到的方案最佳排序为第一（$rank(i,r,w)=1$），最差排序为第 n（$rank(i,r,w)=n$）。各备选方案各个排序的权重空间可以表达为 $W_i(\xi)$

$=\{w \in W:rank（i，\xi，w）=r\}$。

然后，SMAA-2方法定义了方案 x_i 排名为 r 的可接受度 b^r_i：

$$b^r_i=\int_\xi f（\xi）\int_{w \in W_i（\xi）}\mathrm{dwd}\xi \qquad （2-17）$$

其中，$f_w（w）=1/vol（W）$ 为总体权重空间的密度函数。由公式（2-17）可知方案 x_i 排序为 r 的可接受度取值范围在 0 和 1 之间，当某方案排序为 r 的可接受度为 0 的时候，说明方案永远不可能排序为 r；反之，如果某方案排序为 r 的可接受度为 1，则说明不管权重如何取值，方案都能取得排序 r。

SMAA-2方法还定义了方案 x_i 能取得前 k 名的可接受度为 a^k_i、中心权向量 w^k_i 和置信度 p^k_i，其计算公式分别为：

$$a^k_i=\sum_{r=1}^{k}b^r_i \qquad （2-18）$$

$$w^k_i=\int_\xi f（\xi）\sum_{r=1}^{k}\int_{W_i（\xi）}f（w）\mathrm{dwd}\xi/a^k_i \qquad （2-19）$$

$$p^k_i=\int_{\xi:rank（\xi_i,w^k_i） \le k}f（\xi）\mathrm{d}\xi \qquad （2-20）$$

SMAA-2方法通过综合比较各方案的可接受度、中心权向量和置信度等三个指标值的大小对方案进行排序。第一个评价指标是可接受度 b^r_i，在所有 b^r_i 中，最值得关注的是方案排名为第一的可接受度 b^1_i。如果 b^1_i 的值接近于 1，则 a_i 将很有可能为最优方案；相反，如果 b^1_i 的值接近于 0，则 a_i 很难成为最优方案。简单来说，对于方案 a_i，其 b^1_i 值越高，其越有可能成为最优方案。第二个评价指标是中心权向量 $\boldsymbol{w}^k_i$，它反映了决策者的权重偏好。第三个评价指标是置信度 p^k_i，它通常用来判断 a_i 为最优方案的准确程度。置信度越高，说明结果越可信。

以上模型是在权重信息完全未知的假设下提出的，在实际决策中，决策者往往知晓部分权重信息，这并不影响SMAA方法的实现，而且，权重信息了解得越充分，决策精度会越高。

在原始 SMAA 方法和 SMAA-2 方法的基础上，还有学者提出了 SMAA-3、SMAA-O、SMAA-D、SMAA-A、SMAA-P、SMAA-TRI、SMAA-Choquet、SMAA-TOPSIS、SMAA-AD 和 SMAA-PROMETHEE 等一系列变体形式，适应不同情况下的决策需要。

2.3　常见的有限理性行为决策理论

在经典的决策理论中，最优决策往往是在完全理性的假设条件下得到的。然而，随着决策者本身的非理性与决策目标、环境、过程和时间等因素的复杂化和动态化，实际决策并非完全理性条件下的最优决策，而是通常介于完全理性和完全非理性之间，即有限理性决策。本节将介绍最常见的有限理性行为决策理论，包括前景理论和后悔理论。

2.3.1　前景理论

前景理论由 Kahneman 和 Tversky[125] 提出，用于描述人们在不确定环境下的判断和决策行为。前景理论充分考虑了决策者面临收益和损失时的心理感受，是对传统期望效用理论的一个极大挑战。

在前景理论中，前景值的计算考虑概率权重函数和价值函数，具体的计算公式如下所示：

$$V = \sum_{i=1}^{n} \pi(p_i) v(x_i) \qquad (2-21)$$

其中，V 表示前景值；$\pi(p_i)$ 为第 i 个状态发生的概率权重函数，且为单调增函数；$v(x_i)$ 为价值函数。

Kahneman 和 Tversky 给出了以下价值函数公式：

$$v(x) = \begin{cases} x^{\alpha}, & x \geq 0 \\ -\lambda(-x)^{\beta}, & x < 0 \end{cases} \tag{2-22}$$

其中，参数 λ 表示损失比收益对决策者而言影响更大的特征，因此其取值为 $\lambda > 1$。参数 α 和 β 分别表示面临收益和损失时价值曲线的弯折程度。Kahneman 和 Tversky 经过多次试验验证，建议参数取值为 $\alpha = \beta = 0.88$，$\lambda = 2.25$。

概率权重函数是决策者根据事件结果概率做出的主观判断，这里采用对数形式的概率权重函数：

$$\pi^{+}(p) = \frac{p^{\tau}}{(p^{\tau} + (1-p^{\tau}))^{1/\tau}} \tag{2-23}$$

$$\pi^{-}(p) = \frac{p^{\delta}}{(p^{\delta} + (1-p^{\delta}))^{1/\delta}} \tag{2-24}$$

其中，$\pi^{+}(p)$ 表示收益时的权重函数，$\pi^{-}(p)$ 而则表示损失时的权重函数。参数 τ 和 δ 分别表示风险收益态度和风险损失态度系数，其建议取值分别为 $\tau = 0.61$ 和 $\delta = 0.69$。

2.3.2 后悔理论

后悔理论由学者 Bell[126]、Loomes 和 Sugden[127] 分别独立提出。在实际决策中，决策者不仅关注自己选择的方案，往往还会关注选择其他方案有可能带来的结果。也就是说，当决策者发现所选方案比其他方案可以带来更好的结果时，其心理会感到欣喜，反之，则会感到后悔。

在后悔理论中，决策者的感知效用函数由当前选择方案带来的效用函数和后悔－欣喜函数共同决定。假设有两个备选方案 A 和 B，其选择结果分别用 x 和 y 表示。那么当决策者选择 A 时，可以得到：

$$u(x, y) = v(x) + R(v(x) - v(y)) \qquad (2-25)$$

其中，$v(x)$ 表示目前选择带来的效用值，$R(v(x) - v(y))$ 表示决策者选择方案 A 而放弃方案 B 得到的后悔 – 欣喜值。后悔 – 欣喜函数 $R(\cdot)$ 是一个单调递增的凹函数[128]，满足 $R'(\cdot) > 0$，$R''(\cdot) < 0$，且 $R(0) = 0$。

最初，后悔理论仅能用于两个方案选择的问题。在此基础上，Quiggin[129] 将后悔理论扩展至能用于多个方案选择的问题。假设有 m 个备选方案 A_1，A_2，$\cdots$，A_m 其选择结果分别用 x_1，x_2，$\cdots$，x_n 表示。决策者对选择方案 A_i 的感知效用函数可以表示为：

$$u_i = v(x_i) + R(v(x_i) - v(x^*)) \qquad (2-26)$$

其中，$R(v(x_i) - v(x^*))$ 表示决策者选择方案 A_i 而放弃其他方案得到的后悔 – 欣喜值，因为 $x^* = \max\{x_i | i = 1, 2, \cdots, m\}$，所以 $R(v(x_i) - v(x^*)) < 0$，即其代表后悔值。

2.4 经典的多准则决策方法

本节介绍几种经典的多准则决策方法，包括基于距离测度的 TOPSIS 方法、VIKOR 方法和 TODIM 方法以及基于优序关系的 PROMETHEE 方法和 ELECTRE 方法。

2.4.1 TOPSIS 方法

TOPSIS 方法首先由 Hwang 和 Yoon[130] 于 1981 年提出，该方法主要基于以下基本思想：首先，确定正理想解（各备选方案在各评价准则下的最优值）和负理想解（各备选方案在各评价准则下的最劣值），然后分析计算各备选方案与正理想解和负理想解的接近程度，再根据最优方案应该距离正理想解最近而距离负理想解最远的原则对各备选方案进行排序。

假设有 n 个备选方案 $X=\{x_1, x_2, \cdots, x_n\}$，$m$ 个评估准则 $C=\{c_1, c_2, \cdots, c_m\}$，相应的准则权重信息为 $\boldsymbol{W}=(w_1, w_2, \cdots, w_m)$，满足 $w_j \in [0, 1]$ 和 $\sum_{j=1}^{m} w_j=1$。a_{ij} 表示方案 x_i 在准则 c_i 下的评估值，决策矩阵为 $\boldsymbol{A}=(a_{ij})_{n \times m}$。

运用 TOPSIS 方法的决策步骤如下：

步骤 1 规范化决策矩阵。

首先，需要对决策矩阵进行规范化以保证各准则之间具有可比性。一般而言，规范化可通过如下公式实现：

$$r_{ij}=a_{ij} \bigg/ \sqrt{\sum_{k=1}^{n} a^2_{kj}} \quad (i=1, \cdots, n; j=1, \cdots, m) \qquad (2-27)$$

规范化后的决策矩阵可以表示为 $\boldsymbol{R}=(r_{ij})_{n \times m}$。

步骤 2 确定正理想解（PIS）和负理想解（NIS）。

正理想解 $R^+=(r_1^+, r_2^+, \cdots, r_m^+)$ 和负理想解 $R^-=(r_1^-, r_2^-, \cdots, r_m^-)$ 的确定取决于准则的类型，对于效益型准则（准则值越高越好），其正理想解和负理想解分别为：

$$r_j^+ =\max\{r_{ij}|1 \leq i \leq n\}, \ r_j^- =\min\{r_{ij}|1 \leq i \leq n\} \qquad (2-28)$$

对于成本型准则（准则值越低越好），其正理想解和负理想解分别为：

$$r_j^+ =\min\{r_{ij}|1 \leq i \leq n\}, \ r_j^- =\max\{r_{ij}|1 \leq i \leq n\} \qquad (2-29)$$

步骤 3 计算各方案到正负理想解之间的距离。

方案到正理想解的距离越近，说明方案越优。各方案到正理想解之间的欧氏距离计算公式为：

$$d_i^+ = \sqrt{\sum_{j=1}^m w_j \left(r_j^+ - r_{ij} \right)^2} \qquad (2\text{-}30)$$

方案到负理想解的距离越远，说明方案越优。各方案到负理想解之间的欧氏距离计算公式为：

$$d_i^- = \sqrt{\sum_{j=1}^m w_j \left(r_j^- - r_{ij} \right)^2} \qquad (2\text{-}31)$$

步骤 4 计算各备选方案对理想解的贴近度 cc_i。

贴近度通过综合考虑方案与正理想解和负理想解之间的距离来判断方案的优劣，其计算公式为：

$$cc_i = \frac{d_i^-}{d_i^- + d_i^+} \ (i=1, 2, \cdots, n) \qquad (2\text{-}32)$$

步骤 5 对方案进行排序并选择最优方案。

根据贴近度 cc_i 值的大小对方案进行排序，cc_i 越大，说明方案离正理想解越近离负理想解越远，则对应方案越优。

2.4.2　VIKOR 方法

VIKOR 方法首先由 Opricovic 和 Tzeng[131] 于 2002 年提出，该方法基于以下基本思想：首先，确定正理想解和负理想解，然后通过比较各备选方案与正负理想解之间的距离计算群体效用值、个体遗憾值和折衷值，再根据群体效用最大化和个体遗憾最小化的原则对各备选方案进行排序。

运用 VIKOR 方法的决策步骤如下：

步骤 1 规范化决策矩阵且确定正负理想解。

采用 2.4.1 节中的方法对矩阵进行规范化，并且确定正理想解 R^+ 和负理想解 R^-。

步骤 2 计算各备选方案的群体效用值 S_i、个体遗憾值 R_i 和折衷评

价值 Q_i（$i=1$，2，$\cdots$，n）。

各备选方案群体效用值 S_i 的计算公式为：

$$S_i=\sum_{j=1}^{m}\frac{w_j d（r_{ij}，r_j^+）}{d（r_j^+，r_j^-）} \tag{2-33}$$

个体遗憾值 R_i 的计算公式为：

$$R_i=\max_{1\leqslant j\leqslant m}\frac{w_j d（r_{ij}，r_j^+）}{d（r_j^+，r_j^-）} \tag{2-34}$$

折衷评价值 Q_i 的计算公式为：

$$Q_i=\frac{v（S_i-S^*）}{（S^--S^*）}+\frac{（1-v）（S_i-S^*）}{（R^--R^*）} \tag{2-35}$$

其中，$S^-=\max_i S_i$，$S^*=\max_i S_i$，$R^-=\max_i R_i$，$R^*=\min_i R_i$，且 $v\in[0，1]$ 为折衷系数。当 $v>0.5$ 时，表示决策时更偏重群体效用最大化；当 $v<0.5$ 时，表示决策时更偏重个体遗憾最小化；当 $v=0.5$ 时，表示决策时均衡考虑群体效用最大化和个体遗憾最小化。通常情况下，v 的取值为 0.5。

步骤 3 根据 S_i、R_i 和 Q_i 值的大小进行排序。

分别根据 S_i、R_i 和 Q_i 值的大小对各备选方案进行排序，值越小，方案排序越靠前。

步骤 4 确定最佳折衷方案。

假设方案 $x^{(1)}$ 是根据 Q_i（$i=1$，2，$\cdots$，n）值排序得到的最优方案（Q_i 值最小），若其满足下面两个条件，则为最优备选方案。

条件 1，$Q（x^{(2)}）-Q（x^{(1)}）\geqslant\frac{1}{m-1}$，其中，$x^{(2)}$ 是根据 Q_i（$i=1$，2，$\cdots$，n）值排序得到的次优方案（Q_i 值第二小）。

条件 2 在根据 S_i 和 R_i 值大小得到的方案排序中，$x^{(1)}$ 至少有一个排序最为靠前。

如果上述条件中有一个条件不满足，则可以得到一个折衷解集：

（1）如果满足条件 1 而不满足条件 2，则折衷解集为 $\{x^{(1)}, x^{(2)}\}$；（2）

如果满足条件 2 而不满足条件 1，则折衷解集为 $\{x^{(1)}, x^{(2)}, \cdots, x^{(n)}\}$，

其中，n 是满足不等式 $Q(x^{(n)}) - Q(x^{(1)}) < \dfrac{1}{m-1}$ 中的最大值。

2.4.3　TODIM 方法

TODIM 方法首先由 Gomes 和 Lima[132] 于 1992 年提出，该方法基于前景理论的基本思想构建决策者对两两方案比较的感知价值矩阵，然后通过计算决策者对方案的总体感知价值对各备选方案进行排序。

步骤 1 规范化决策矩阵。

采用 2.4.1 节中的方法对矩阵进行规范化处理。

步骤 2 计算方案优势度。

首先，计算方案 r_{ij} 相对于 r_{kj} 在各准则下的损益的感知价值，其计算式为：

$$\phi_i(x_i, x_k) = \begin{cases} \sqrt{\dfrac{w_{rj}(r_{ij}-r_{kj})}{\sum\limits_{j=1}^{m} w_{rj}}} & r_{ij} > r_{kj} \\ 0 & r_{ij}=r_{kj} \\ -\dfrac{1}{\theta}\sqrt{\dfrac{(\sum\limits_{j=1}^{m} w_{rj})(r_{kj}-r_{ij})}{w_{rj}}} & r_i < r_k \end{cases} \qquad (2\text{--}36)$$

其中，θ 参数为损失规避系数，w_{rj} 为每个准则相对于参考准则的相对权重，其计算公式为 $w_{rj}=w_j/w_r$，w_r 为最大权重。

然后在此基础上计算方案 r_{ij} 相对于 r_{kj} 的优势度，其计算式为：

$$\delta(x_i, x_k) = \sum_{j=1}^{m} \phi_i(x_i, x_k) \qquad (2\text{--}37)$$

步骤 3 计算方案的总体感知价值。

各备选方案的总体感知价值可通过下式计算：

$$\xi_i = \frac{\sum\limits_{k=1}^{m} \delta\left(x_i,\ x_k\right) - \min\left(\sum\limits_{k=1}^{m} \delta\left(x_i,\ x_k\right)\right)}{\max\left(\sum\limits_{k=1}^{m} \delta\left(x_i,\ x_k\right)\right) - \min\left(\sum\limits_{k=1}^{m} \delta\left(x_i,\ x_k\right)\right)} \tag{2-38}$$

步骤4对方案进行排序并选择最优方案。

根据总体感知价值 ξ_i 大小对方案进行排序，ξ_i 越大的方案越优。

2.4.4　PROMETHEE 方法

PROMETHEE 方法最早由 Brans[133] 提出，是一种基于优序关系的多准则决策方法。PROMETHEE 方法主要分为基于偏序排列的 PROMETHEE I 方法[134] 和基于完全序排列的 PROMETHEE II 方法[134] 两种类型。

（1）PROMETHEE I 方法

首先，定义准则 c_j 下方案 x_i 关于方案 x_k 的偏好函数 $p_j\left(x_i,\ x_k\right)$，函数值范围为0到1之间。方案之间的差异程度大小根据偏好函数值的大小决定。函数值越小，方案 x_i 和 x_k 之间差异越小，反之亦然。

然后，根据准则权重对各准则的偏好函数进行集结，得到每个方案对的总体优序度：

$$\sigma\left(x_i,\ x_k\right) = \sum_{j=1}^{m} w_j p_j\left(x_i,\ x_k\right) \tag{2-39}$$

基于总体有序度，可以计算得到每个方案 x_i 的出流 $\Phi^+\left(x_i\right)$ 和入流 $\Phi^-\left(x_i\right)$：

$$\Phi^+\left(x_i\right) = \sum_{k=1,\ k \neq i}^{m} w_j p_j\left(x_i,\ x_k\right) \tag{2-40}$$

$$\Phi^-(x_i) = \sum_{k=1, k \neq i}^{m} \sigma(x_i, x_k) \qquad (2-41)$$

其中，出流 $\Phi^+(x_i)$ 表示 x_i 级别高于其他方案的程度，入流 $\Phi^-(x_i)$ 表示其他方案级别高于 x_i 的程度。

在此基础上，可以定义 (O^+, I_r^+) 和 (O^-, I_r^-) 两个全序：

若 $\Phi^+(x_i) > \Phi^+(x_k)$，则 $x_i O^+ x_k$；

若 $\Phi^+(x_i) = \Phi^+(x_k)$，则 $x_i I_r^+ x_k$；

若 $\Phi^-(x_i) = \Phi^-(x_k)$，则 $x_i O^- x_k$；

若 $\Phi^-(x_i) = \Phi^-(x_k)$，则 $x_i I_r^- x_k$。

由此可以得到 PROMETHEE Ⅰ 方法的偏序 $\{O, I, R\}$，此偏序可用于方案的排序。

（a）$x_i O x_k$ 表示方案 x_i 级别高于方案 x_k。若满足以下三个条件中的一个：①$x_i O^+ x_k$ 且 $x_i O^- x_k$；②$x_i O^+ x_k$ 且 $x_i I_r^- x_k$；③$x_i O^- x_k$ 且 $x_i I_r^+ x_k$；

（b）$x_i I_r x_k$ 表示 x_i 方案无差异于方案 x_k，若满足 $x_i I_r^+ x_k$ 且 $x_i I_r^- x_k$；

（c）$x_i R x_k$ 表示方案 x_i 和方案 x_k 不可比，若满足 $x_i O^+ x_k$ 且 $x_i O^- x_i$。

（2）PROMETHEE Ⅱ 方法

PROMETHEE Ⅰ 方法只能得到方案的偏序，因此这里介绍可以得到完全序的 PROMETHEE Ⅱ 方法。

在 PROMETHEE Ⅰ 方法计算所得出流和入流的基础上，定义净流，其计算公式为：

$$\Phi(x_i) = \Phi^+(x_i) - \Phi^-(x_i) \qquad (2-42)$$

然后，根据净流确定方案之间的优序关系，净流值越大说明方案 x_i 越优。

若 $\Phi(x_i) > \Phi(x_k)$，则 $x_i O^{(2)} x_k$；

若 $\varPhi(x_i)=\varPhi(x_k)$，则 $x_i I x_k$。

PROMETHEE Ⅱ 方法的优点是概念清晰、计算简单和易于理解，且能够得到方案的完全序，因而得到了广泛的应用。

2.4.5 ELECTRE 方法

ELECTRE 方法最早由 Benayoun 等[135]于 1966 年提出，是优序关系模型的典型代表之一。目前，ELECTRE 方法（包括 ELECTRE Ⅰ、Ⅱ、Ⅲ以及其他形式等）已被广泛应用到经济[136]、工程[137]、医学[138]、商业[139]、生物[140]、能源[141]等诸多领域。

ELECTRE 家族包括一系列的方法，本节拟介绍 ELECTRE Ⅲ方法。在 ELECTRE Ⅲ中，需要考虑三个阈值：偏好阈值 p，无差异阈值 q 和否决阈值 v。阈值可以随着准则值的变化而发生变化，为方便起见，这里假设三个阈值均表达为常数。

定义 2-11[142]：假设有 n 个备选方案 $X=\{x_1, x_2, \cdots, x_n\}$，$m$ 个评估准则 $C=\{c_1, c_2, \cdots, c_m\}$，相应的准则权重信息为 $\boldsymbol{W}=(w_1, w_2, \cdots, w_m)$，满足 $w_j \in [0, 1]$ 和 $w_j=\sum_{j=1}^{m} 1$。a_{ij} 表示方案 $x_i(i=1, 2, \cdots, n)$ 在准则 $c_i(j=1, 2, \cdots, m)$ 下的评估值。p_j, q_j 和 v_j 分别为准则 $c_i(j=1, 2, \cdots, m)$ 下的偏好阈值、无差异阈值和否决阈值，满足 $0 \leqslant q_j \leqslant p_j \leqslant v_j$。对于 a_{ij} 和 $a_{kj}(k=1, 2, \cdots, n)$，可以定义两者之间的优序关系：

（1）若 $a_{ij}-a_{kj} \geqslant p_j$，则说明 a_{ij} 强优于 a_{kj}；

（2）若 $q_j \leqslant a_{ij} \leqslant a_{kj} < p_j$，则说明 a_{ij} 弱占优于 a_{kj}；

（3）若 $-q_j \leqslant a_{ij}-a_{kj} \leqslant q_j$，则说明 a_{ij} 无差异于 a_{kj}。

基于以上优序关系，可以定义和谐性指数 $c(x_i, x_k)$，不和谐性

指数 $d(x_i, x_k)$ 和可信度指数 $s(x_i, x_k)$。其中，和谐性指数用来描述"方案 x_i 级别高于方案 x_k"的程度，不和谐性指数用来描述拒绝"方案 x_i 级别高于方案 x_k"的程度，可信度指数用来描述"方案 x_i 级别高于方案 x_k"的可信程度。

定义 2-12[142]：和谐性指数 $c(x_i, x_k)$ 定义为：

$$c(x_i, x_k) = \sum_{j=1}^{m} w_j c_j(a_{ij}, a_{kj}) \qquad (2-43)$$

其中，$c_j(a_{ij}, a_{kj})$ 为准则 c_j 下 "a_{ij} 级别高于 a_{kj}" 的程度，其计算公式为：

$$c_j(a_{ij}, a_{kj}) = \begin{cases} 0, & a_{ij}+p_j \leqslant a_{kj} \\ 1, & a_{ij}+q_j \leqslant a_{kj} \\ \dfrac{p_j+a_{ij}-a_{kj}}{p_j-q_j}, & \text{其他} \end{cases} \qquad (2-44)$$

定义 2-13[142]：不和谐性指数 $d(x_i, x_k)$ 定义为：

$$d(x_i, x_k) = \sum_{j=1}^{m} w_j d_j(a_{ij}, a_{kj}) \qquad (2-45)$$

其中，$d_j(a_{ij}, a_{kj})$ 为准则 c_j 下拒绝 "a_{ij} 级别高于 a_{kj}" 的程度，其计算公式为：

$$d_j(a_{ij}, a_{kj}) = \begin{cases} 0, & a_{ij}+p_j > a_{kj} \\ 1, & a_{ij}+v_j \leqslant a_{kj} \\ \dfrac{a_{kj}-a_{ij}-p_j}{v_j-p_j}, & \text{其他} \end{cases} \qquad (2-46)$$

定义 2-14[142]：可信度指数 $s(x_i, x_k)$ 定义为：

$$s(x_i, x_k) = \begin{cases} c(x_i, x_k), & \text{若} \forall c_j, d_j(a_{ij}, a_{kj}) \leqslant c(x_i, x_k) \\ c(x_i, x_k) \prod_{c_j} \dfrac{1-d_j(a_{ij}, a_{kj})}{1-c(x_i, x_k)}, & \text{其他} \end{cases} \qquad (2-47)$$

ELECTRE Ⅲ 方法的本质是从和谐性检验和不和谐性检验两个侧面

反映方案之间的优序关系，其特点是设置了阈值并考虑了方案评价值的差值大小。

2.5 本章小结

本章对灰色随机多准则决策的基础理论进行了研究，首先对灰数（包括离散灰数、区间灰数和扩展灰数）的定义、运算规则、可能度和距离等进行了系统地描述；然后，阐述了常见的随机多准则决策方法和有限理性行为理论，这些为后面基于期望效用、基于随机优势、基于随机多目标可接受度和基于有限理性的灰色随机多准则决策方法提供了理论分析框架；最后，介绍了经典的多准则决策方法，包括 TOPSIS 方法、VIKOR 方法、TODIM 方法、PROMETHEE 方法和 ELECTRE 方法，这些方法为后面各章灰色随机多准则决策方法的提出奠定了坚实的基础。

3 基于期望效用和距离的灰色随机多准则决策方法

期望效用理论首先由 Von Neumann 和 Morgenstern[51]于 20 世纪 40 年代提出，是一种分析风险和不确定等决策问题的传统理论模型。Von Neumann 和 Morgenstern 为该理论奠定了严格的公理化基础，旨在从完全理性的角度找到合适的工具和方法帮助人们进行决策。虽然阿莱悖论（Allais Paradox）[143]的提出使得期望效用理论框架出现了危机，但其作为规范性理论的一个重要部分，有助于为构建广阔、合理的决策理论体系做出规范性维度的贡献。另外，期望效用理论还是前景理论、后悔理论等后期望效用理论的基础。因此，尽管有一些不尽完美的地方，期望效用理论仍能从理性角度对人们的决策行为做出指导。

随着社会的快速发展，客观世界的复杂性和不确定性程度越来越大，不确定性多准则决策成为一个重要研究课题。目前，用于解决不确定性多准则决策问题的方法主要包括基于距离测度的方法、基于聚合算子的方法和基于优序关系的方法等。其中，基于距离测度的方法是一个很重要的组成部分。

在灰色多准则决策中，不少学者对区间灰数的距离及相关测度进行了研究，包括区间灰数 Hamming 距离、Euclidean 距离[26]、Hausdorff 距离[27] 和 Minkowski 距离[120] 等。在此基础上，还有学者定义了扩展灰数 Hausdorff 距离公式[34]，该公式取两个扩展灰数之间双向距离的较大者，度量了两者之间的最大不匹配程度。

基于以上分析，本章内容安排如下：第一节首先提出扩展灰数的广义距离公式，包括扩展灰数 Hamming 距离和 Euclidean 距离，并给出这些距离的性质。然后在此基础上提出扩展灰数距离算子，包括扩展灰数有序加权平均广义距离算子和扩展灰数混合有序加权平均广义距离算子；第二节在期望效用理论的基础上，将所提出的距离测度和 VIKOR 相结合应用于灰色随机多准则决策问题中并进行实例分析；第三节将所提出的扩展灰数有序加权距离算子用于灰色随机多准则决策问题中并进行实例分析；第四节将本章所提出的方法和现有基于距离的灰色随机多准则决策方法进行对比分析；第五节为本章内容小结。

3.1　扩展灰数的距离测度

距离是用于衡量不同决策信息之间偏差和贴近度的重要工具。目前已有不少关于区间灰数的距离定义，扩展灰数的距离测度及相关研究还较少。本节将定义新的扩展灰数比较规则，提出广义扩展灰数距离公式，并在此基础上定义扩展灰数距离算子。

3.1.1　扩展灰数比较规则

在第二章理论基础中已介绍可以通过可能度比较两个扩展灰数的大小。为了更好地比较扩展灰数，本节拟提出新的比较规则。

定义 3-1 设 $\otimes_1 = \bigcup_{i=1}^{n}[a_i, b_i]$ 和 $\otimes_2 = \bigcup_{j=1}^{m}[c_j, d_j]$ 为两个扩展灰数，$\otimes_1$，$\otimes_2 \in R(\otimes)$ 则两者之间的关系定义如下：

（1）如果 $n=m$，那么

$\otimes_1 < \otimes_2$ 当且仅当 $a_{\sigma(x)} \leq c_{\sigma(x)}$ 和 $b_{\sigma(x)} \leq d_{\sigma(x)}$。

其中，两个扩展灰数的元素 $[a_i, b_i]$ 和 $[c_j, d_j]$ 呈升序或降序排列。$[a_{\sigma(x)}, b_{\sigma(x)}]$ 和 $[c_{\sigma(x)}, d_{\sigma(x)}]$ 分别指代 $\otimes_1$ 和 $\otimes_2$ 中第 x 大的元素，$x=1, 2, \cdots, n$。

（2）如果 $n < m$，那么

$\otimes_1 < \otimes_2$ 当且仅当 $a_{\sigma(x)} \leq c_{\sigma(x)}$，$b_{\sigma(x)} \leq d_{\sigma(x)}$，$\min(a_i) \leq \min(c_j)$ 且 $\min(b_i) \leq \min(d_j)$。

其中，两个扩展灰数的元素 $[a_i, b_i]$ 和 $[c_j, d_j]$ 呈降序排列。$[a_{\sigma(x)}, b_{\sigma(x)}]$ 和 $[c_{\sigma(x)}, d_{\sigma(x)}]$ 分别指代 $\otimes_1$ 和 $\otimes_2$ 中第 x 大的元素，$x=1, 2, \cdots, n$。

（3）如果 $n > m$，那么

$\otimes_1 < \otimes_2$ 当且仅当 $a_{\sigma(x)} \leq c_{\sigma(x)}$，$b_{\sigma(x)} \leq d_{\sigma(x)}$，$\max(a_i) \leq \max(c_j)$ 且 $\max(b_i) \leq \max(d_j)$。

其中，两个扩展灰数的元素 $[a_i, b_i]$ 和 $[c_j, d_j]$ 呈升序排列。$[a_{\sigma(x)}, b_{\sigma(x)}]$ 和 $[c_{\sigma(x)}, d_{\sigma(x)}]$ 分别指代 $\otimes_1$ 和 $\otimes_2$ 中第 x 大的元素，$x=1, 2, \cdots, n$。

如果 $\otimes_1$ 和 $\otimes_2$ 无法通过以上条件进行大小比较，则可以采用扩展灰数可能度来进行比较。

（4）如果 $p(\otimes_1 \geq \otimes_2) < 0.5$，则说明 $\otimes_1$ 小于 $\otimes_2$，可以记为 $\otimes_1 < \otimes_2$；

（5）如果 $p(\otimes_1 \geq \otimes_2) = 0.5$，则说明 $\otimes_1$ 等于 $\otimes_2$，可以记为 $\otimes_1 = \otimes_2$；

（6）如果 $p(\otimes_1 \geq \otimes_2) > 0.5$，则说明 $\otimes_1$ 大于 $\otimes_2$，可以记为 $\otimes_1 > \otimes_2$。

下面，将通过简单的例子来说明扩展灰数比较规则的应用。

例 3-1 设 $\otimes_1 = \{2.0\}$，$\otimes_2 = [2.5, 3.0] \cup [3.5, 4.0]$ 和 $\otimes_3 = [2.5, 2.7] \cup \{3.5\}$

为三个扩展灰数，请对三者之间的大小进行比较。

首先，将以上三个扩展灰数分别表示为$\otimes_1$=[2.0，2.0]，$\otimes_2$=[2.5，3.0] $\cup$ [3.5，4.0]，$\otimes_3$=[2.5，2.7] $\cup$ [3.5，3.5]，然后根据定义 3-1 对其进行比较，可知$\otimes_2 > \otimes_3 > \otimes_1$。

3.1.2 扩展灰数广义距离

目前，扩展灰数距离测度的相关研究还不多见，仅有学者提出了扩展灰数 Hausdorff 距离公式，该公式考虑的是两个扩展灰数元素之间相离的最大程度，而忽略了中间值对相离程度的影响。基于此，本小节提出一种新的扩展灰数广义距离公式。

定义 3-2 设$\otimes_1 = \bigcup_{i=1}^{n}[a_i，b_i]$和$\otimes_2 = \bigcup_{j=1}^{n}[c_j，d_j]$为两个扩展灰数，$\otimes_1$，$\otimes_2 \in R(\otimes)$且$\lambda \geq 0$，则两者之间的广义距离$d_{gd}(\otimes_1，\otimes_2)$定义如下：

$$d_{gd}(\otimes_1，\otimes_2) = \left(\frac{1}{2}\left(\frac{1}{2n}\sum_{j=1}^{n}\min_{j=1}^{m}(|a_i-c_j|^\lambda+|b_i-d_j|^\lambda)\right.\right.$$
$$\left.\left. + \frac{1}{2m}\sum_{j=1}^{n}\min_{i=1}^{m}(|c_j-a_i|^\lambda+|d_j-b_i|^\lambda)\right)\right)^{1/\lambda} \quad （3-1）$$

定理 3-1 假设$\otimes_i$（i=1，2，3）为三个扩展灰数，则：

（1）$d_{gd}(\otimes_1，\otimes_2)$=0，当且仅当$\otimes_1 = \otimes_2$；

（2）$d_{gd}(\otimes_1，\otimes_2) = d_{gd}(\otimes_2，\otimes_1)$；

（3）如果$\otimes_1 < \otimes_2 < \otimes_3$，那么$d_{gd}(\otimes_1，\otimes_3) \geq d_{gd}(\otimes_1，\otimes_2)$且$d_{gd}(\otimes_1，\otimes_3) \geq d_{gd}(\otimes_2，\otimes_3)$。

证明：

（1）$d_{gd}(\otimes_1，\otimes_1) = \left(\frac{1}{2}\left(\frac{1}{2n}\sum_{i=1}^{n}\min_{i=1}^{n}(|a_i-a_i|^\lambda+|b_i-b_i|^\lambda)\right.\right.$
$$\left.\left. + \frac{1}{2n}\sum_{i=1}^{n}\min_{i=1}^{n}(|a_i-a_i|^\lambda+|b_i-b_i|^\lambda)\right)\right)^{1/\lambda}=0$$

（2）$d_{gd}(\otimes_1, \otimes_2) = \left(\dfrac{1}{2}\left(\dfrac{1}{2n}\sum\limits_{i=1}^{n}\min\limits_{j=1}^{m}\left(|a_i-c_j|^\lambda+|b_i-d_j|^\lambda\right)\right.\right.$

$\left.\left.+\dfrac{1}{2m}\sum\limits_{j=1}^{m}\min\limits_{i=1}^{n}\left(|c_j-a_i|^\lambda+|d_j-b_i|^\lambda\right)\right)\right)^{1/\lambda}$

$= \left(\dfrac{1}{2}\left(\dfrac{1}{2m}\sum\limits_{j=1}^{m}\min\limits_{i=1}^{n}\left(|c_j-a_i|^\lambda+|d_j-b_i|^\lambda\right)\right.\right.$

$\left.\left.+\dfrac{1}{2n}\sum\limits_{i=1}^{n}\min\limits_{j=1}^{m}\left(|a_i-c_j|^\lambda+|b_i-d_j|^\lambda\right)\right)\right)^{1/\lambda}$

$=d_{gd}(\otimes_2, \otimes_1)$

（3）令$\otimes_3=\bigcup\limits_{k=1}^{l}[e_k, f_k]$，如果$\otimes_1<\otimes_2<\otimes_3$，那么不管属于定义 3-1

中的哪种情况，都可以得到$\min\limits_{k=1}^{l}\left(|a_i-e_k|+|b_i-f_k|\right)>\min\limits_{j=1}^{m}\left(|a_i-c_j|+|b_i-d_j|\right)$。

$\min\limits_{k=1}^{l}\left(|a_i-e_k|+|b_i-f_k|\right)>\min\limits_{j=1}^{m}\left(|a_i-c_j|+|b_i-d_j|\right)$

$\Rightarrow \sum\limits_{i=1}^{n}\min\limits_{k=1}^{l}\left(|a_i-e_k|+|b_i-f_k|\right)>\sum\limits_{i=1}^{n}\min\limits_{j=1}^{m}\left(|a_i-c_j|+|b_i-d_j|\right)$

$\Rightarrow \dfrac{1}{2n}\sum\limits_{i=1}^{n}\min\limits_{k=1}^{l}\left(|a_i-e_k|+|b_i-f_k|\right)>\dfrac{1}{2n}\sum\limits_{i=1}^{n}\min\limits_{j=1}^{m}\left(|a_i-c_j|+|b_i-d_j|\right)$

同样地，可以得到：

$\dfrac{1}{2l}\sum\limits_{k=1}^{l}\min\limits_{i=1}^{n}\left(|e_k-a_i|+|f_k-b_i|\right)>\dfrac{1}{2m}\sum\limits_{j=1}^{m}\min\limits_{i=1}^{n}\left(|c_j-a_i|+|d_j-b_i|\right)$

因此，

$\dfrac{1}{2}\left(\dfrac{1}{2n}\sum\limits_{i=1}^{n}\min\limits_{k=1}^{l}\left(|a_i-e_k|+|b_i-f_k|\right)+\dfrac{1}{2l}\sum\limits_{k=1}^{l}\min\limits_{i=1}^{n}\left(|e_k-a_i|+|f_k-b_i|\right)\right)>$

$\dfrac{1}{2}\left(\dfrac{1}{2n}\sum\limits_{i=1}^{n}\min\limits_{j=1}^{m}\left(|a_i-c_j|+|b_i-d_j|\right)+\dfrac{1}{2m}\sum\limits_{j=1}^{m}\min\limits_{i=1}^{n}\left(|c_j-a_i|+|d_j-b_i|\right)\right)$

$\Rightarrow \left(\dfrac{1}{2}\left(\dfrac{1}{2n}\sum\limits_{i=1}^{n}\min\limits_{k=1}^{l}\left(|a_i-e_k|^\lambda+|b_i-f_k|^\lambda\right)+\dfrac{1}{2l}\sum\limits_{k=1}^{l}\min\limits_{i=1}^{n}\left(|e_k-a_i|^\lambda+|f_k-b_i|^\lambda\right)\right)\right)^{1/\lambda}>$

$\left(\dfrac{1}{2}\left(\dfrac{1}{2n}\sum\limits_{i=1}^{n}\min\limits_{j=1}^{m}\left(|a_i-c_j|^\lambda+|b_i-d_j|^\lambda\right)+\dfrac{1}{2m}\sum\limits_{j=1}^{m}\min\limits_{i=1}^{n}\left(|c_j-a_i|^\lambda+|d_j-b_i|^\lambda\right)\right)\right)^{1/\lambda}$

由此可见，$d_{gd}(\otimes_1, \otimes_3) \geqslant d_{gd}(\otimes_1, \otimes_2)$。采用同样的方法可以很容易得出 $d_{gd}(\otimes_1, \otimes_3) \geqslant d_{gd}(\otimes_2, \otimes_3)$。

当时 $\lambda = 1$，扩展灰数广义距离变为扩展灰数 Hamming 距离，其公式为：

$$d_{hd}(\otimes_1, \otimes_2) = \left(\frac{1}{2}\left(\frac{1}{2n}\sum_{i=1}^{n}\min_{j=1}^{m}\left(|a_i-c_j|+|b_i-d_j|\right)\right.\right.$$

$$\left.\left. + \frac{1}{2m}\sum_{j=1}^{m}\min_{i=1}^{n}\left(|c_j-a_i|+|d_j-b_i|\right)\right)\right) \quad (3-2)$$

当 $\lambda = 2$ 时，扩展灰数广义距离变为扩展灰数 Euclidean 距离，其公式为：

$$d_{ed}(\otimes_1, \otimes_2) = \left(\frac{1}{2}\left(\frac{1}{2n}\sum_{i=1}^{n}\min_{j=1}^{m}\left(|a_i-c_j|^2+|b_i-d_j|^2\right)\right.\right.$$

$$\left.\left. + \frac{1}{2m}\sum_{j=1}^{m}\min_{i=1}^{n}\left(|c_j-a_i|^2+|d_j-b_i|^2\right)\right)\right)^{1/2} \quad (3-3)$$

例 3-2 采用例 3-1 中的数据，计算 $\otimes_1$，$\otimes_2$ 和 $\otimes_3$ 之间的距离。

采用公式（3-2）和（3-3），可以得到以下计算结果：

$d_{hd}(\otimes_2, \otimes_3) = 1.000$，$d_{hd}(\otimes_2, \otimes_4) = 0.825$，

$d_{hd}(\otimes_3, \otimes_4) = 0.825$；

$d_{ed}(\otimes_2, \otimes_3) = 1.118$，$d_{ed}(\otimes_2, \otimes_4) = 0.917$，

$d_{ed}(\otimes_3, \otimes_4) = 0.292$。

从以上结果容易看出 $d_{hd}(\otimes_2, \otimes_3) > d_{hd}(\otimes_3, \otimes_4)$，$d_{hd}(\otimes_2, \otimes_3) > d_{hd}(\otimes_2, \otimes_4)$，$d_{ed}(\otimes_2, \otimes_3) > d_{ed}(\otimes_3, \otimes_4)$ 和 $d_{ed}(\otimes_2, \otimes_3) > d_{ed}(\otimes_2, \otimes_4)$。因此，不管采用扩展灰数 Hamming 距离公式还是采用扩展灰数 Euclidean 距离公式，都可以得到 $\otimes_2 > \otimes_3 > \otimes_1$，而且此结果和例 3-2 保持一致。

3.1.3　扩展灰数距离算子

距离和算子都是处理多准则决策问题的重要工具，徐泽水和陈剑[144]提出了有序加权平均距离（OWAD）算子，将距离测度和集结算子都进行了考虑。其后，距离算子得到了广泛的应用[145-148]。本节将在有序加权平均（OWA）算子、OWAD算子和扩展灰数距离的基础上提出扩展灰数有序加权平均距离算子。

OWA算子最先由美国学者Yager[149]提出，其思想为对数据按从大到小的顺序重新排序，然后对排序后的数据进行加权集结。

定义 3-3[149]　设 $f:\mathbf{R}^n \to \mathbf{R}$（$\mathbf{R}$ 为实数集），若 $f(a_1, a_2, \cdots, a_n) = \sum_{j=1}^{n} \omega_j b_j$，其中 $\omega = (\omega_1, \omega_2, \cdots, \omega_n)$ 是与 f 相关联的加权向量，满足 $\omega_j \in [0, 1]$ 和 $\sum_{j=1}^{n} \omega_j = 1$，且 b_j 是 a_i（$i=1, 2, \cdots, n$）中第 j 大的元素，则称函数 f 为 n 维 OWA 算子。OWA 算子也可以表示为 $OWA(a_1, a_2, \cdots, a_n) = \sum_{j=1}^{n} \omega_j b_j$。

OWAD算子是对传统OWA算子和距离测度的拓展，其思想是根据决策者价值观对个体距离进行重新排序，然后对排序后的数据进行加权集结。OWAD算子的定义如下所示。

定义 3-4[149]　设 $A=\{a_1, a_2, \cdots, a_n\}$ 和 $B=\{b_1, b_2, \cdots, b_n\}$ 为两个集合，有序加权平均距离（OWAD）算子是一个映射：$d^n \times d^n \to d$，使得

$$OWAD(d_1, d_2, \cdots, d_n) = \sum_{j=1}^{n} \omega_j b_j \qquad (3-4)$$

其中 $\omega = (\omega_1, \omega_2, \cdots, \omega_n)$ 是与 OWAD 相关联的位置权重向量，满足 $\omega_j \in [0, 1]$ 和 $\sum_{j=1}^{n} \omega_j = 1$。$d_j$ 是 a_i 和 b_i（$i=1, 2, \cdots, n$）之间距离中第 j 大的元素。

基于扩展灰数距离测度和有序加权平均算子，本书提出两种

扩展灰数有序加权平均距离算子，即扩展灰数有序加权平均广义距离（EGOWAGD）算子和扩展灰数混合有序加权平均广义距离（EGHOWAGD）算子。

定义 3-5 设 $\otimes_{x_j}$ 和 $\otimes_{y_j}$（j=1，2，$\cdots$，n）为两组扩展灰数，扩展灰数有序加权平均广义距离（EGOWAGD）算子是一个映射：$d_{gd}{}^n \times d_{gd}{}^n \rightarrow d_{gd}$，则

$$EGOWAGD\left(d_{gd1}\left(\otimes_{x_1}, \otimes_{y_1} \right), d_{gd1}\left(\otimes_{x_2}, \otimes_{y_2} \right), \cdots, d_{gdn}\left(\otimes_{x_n}, \otimes_{y_n} \right) \right.$$

$$= \left(\sum_{k=1}^{n} \omega_k d_k \left(\otimes_{x_j}, \otimes_{y_j} \right)^{\lambda} \right)^{1/\lambda} \tag{3-5}$$

其中，ω_k 是 $d_{gdk}\left(\otimes_{x_j}, \otimes_{y_j} \right)$ 的权重，满足 $\omega_k \in [0, 1]$ 和 $\sum_{k=1}^{n} \omega_k=1$。$d_{gdk}\left(\otimes_{x_j}, \otimes_{y_j} \right)$ 是扩展灰数 $\otimes_{x_j}$ 和 $\otimes_{y_j}$ 之间距离中第 k 大的元素。

以上定义的 EGOWAGD 算子的具体表现形式如定理 3-2 所示。

定理 3-2 设 $X=\{\otimes_{x_j} | \otimes_{y_j} = \bigcup\limits_{h=1}^{l_{x_j}} [a^{x_j}_h, b^{x_j}_h]$, j=1，2，$\cdots$，$n\}$ 和 $Y=\{\otimes_{y_j} | \otimes_{y_j} = \bigcup\limits_{h=1}^{l_{y_j}} [c^{y_j}_i, d^{y_j}_i]$, j=1，2，$\cdots$，$n\}$ 为两组扩展灰数，l_{x_j} 和 l_{y_j} 分别为扩展灰数 $\otimes_{x_j}$ 和 $\otimes_{y_j}$ 中元素的个数，则扩展灰数有序加权平均广义距离（EGOWAGD）算子的具体形式为：

$$EGOWAGD\left(d_{gd1}\left(\otimes_{x_j}, \otimes_{y_j} \right), d_{gd2}\left(\otimes_{x_j}, \otimes_{y_j} \right), \cdots, d_{gdn}\left(\otimes_{x_j}, \otimes_{y_j} \right) \right)$$

$$= \left(\sum_{k=1}^{n} \frac{\omega_k}{2} \left(\frac{1}{2l_{x_j}} \sum_{h=1}^{l_{x_j}} \min_{i=1}^{l_{x_j}} \left(|a^{x_j}_h - c^{y_j}_i|^{\lambda} + |b^{x_j}_h - d^{y_j}_i|^{\lambda} \right) \right. \right.$$

$$\left. \left. + \left(\frac{1}{2l_{y_j}} \sum_{h=1}^{l_{y_j}} \min_{i=1}^{l_{x_j}} \left(|c^{y_j}_i - a^{x_j}_h|^{\lambda} + |d^{y_j}_i - b^{x_j}_h|^{\lambda} \right) \right)^{\sigma(k)} \right)^{1/\lambda} \tag{3-6}$$

当 λ =1 时，则 EGOWAGD 算子变成扩展灰数有序加权平均 Hamming 距离 EGOWAHD 算子。当 λ =2 时，则 EGOWAGD 算子变成扩展灰数有序加权平均 Euclidean 距离 EGOWAED 算子，其公式如下所示。

$EGOWAGD\left(d_{gd1}\left(\otimes_{x_j},\otimes_{y_j}\right),d_{gd2}\left(\otimes_{x_j},\otimes_{y_j}\right),\cdots,d_{gdn}\left(\otimes_{x_j},\otimes_{y_j}\right)\right.$

$$=\left(\sum_{k=1}^{n}\frac{\omega_k}{2}\left(\frac{1}{2l_{x_j}}\sum_{h=1}^{l_{x_j}}\min_{i=1}^{l_{y_i}}\left(|a^{x_j}_h-c^{y_j}_i|^\lambda+|b^{x_j}_h-d^{y_j}_i|^\lambda\right)\right.\right.$$

$$\left.\left.+\left(\frac{1}{2l_{y_j}}\sum_{h=1}^{l_{y_j}}\min_{i=1}^{l_{x_i}}\left(|c^{y_j}_i-a^{x_j}_h|+|d^{y_j}_i-b^{x_j}_h|\right)\right)^{\sigma(k)}\right)\right. \qquad (3-7)$$

$EGOWAGD\left(d_{gd1}\left(\otimes_{x_j},\otimes_{y_j}\right),d_{gd2}\left(\otimes_{x_j},\otimes_{y_j}\right),\cdots,d_{gdn}\left(\otimes_{x_j},\otimes_{y_j}\right)\right.$

$$=\left(\sum_{k=1}^{n}\frac{\omega_k}{2}\left(\frac{1}{2l}\sum_{h=1}^{l_{x_j}}\min_{i=1}^{l_{y_i}}\left(|a^{x_j}_h-c^{y_j}_i|^2+|b^{x_j}_h-d^{y_j}_i|^2\right)\right.\right.$$

$$\left.\left.+\left(\frac{1}{2l_{y_j}}\sum_{h=1}^{l_{y_j}}\min_{i=1}^{l_{x_i}}\left(|c^{y_j}_i-a^{x_j}_h|^2+|d^{y_j}_i-b^{x_j}_h|\right)\right)^{2\sigma(k)}\right)^{1/2}\right. \qquad (3-8)$$

EGOWAGD 算子具有交换性、单调性、有界性、幂等性、非负性和自反性等性质，这些性质可用下面的定理予以证明。

定理 3-3（交换性）设 $X=\{\otimes_{x_j}|\otimes_{y_j}=\bigcup_{h=1}^{l_{x_j}}[a^{x_j}_h,\ b^{x_j}_h],\ j=1,\ 2,\ \cdots,\ n\}$ 和 $Y=\{\otimes_{y_j}|\otimes_{y_j}=\bigcup_{h=1}^{l_{y_j}}[c^{y_j}_i,\ d^{y_j}_i],\ j=1,\ 2,\ \cdots,\ n\}$ 为两组扩展灰数，l_{x_j} 和 l_{y_j} 分别为扩展灰数 $\otimes_{x_j}$ 和 $\otimes_{y_j}$ 中元素的个数，且（$<\otimes_{\bar{x}_1},\ \otimes_{\bar{y}_1}>,\ <\otimes_{\bar{x}_2},\ \otimes_{\bar{y}_2}>,\ \cdots,\ <\otimes_{\bar{x}_n},\ \otimes_{\bar{y}_n}>$）是（$<\otimes_{x_1},\ \otimes_{y_1}>,\ <\otimes_{x_2},\ \otimes_{y_2}>,\ \cdots,\ <\otimes_{x_n},\ \otimes_{y_n}>$）的任一置换，则：

$EGOWAGD\left(d_{gd1}\left(\otimes_{x_j},\otimes_{y_j}\right),d_{gd2}\left(\otimes_{x_j},\otimes_{y_j}\right),\cdots,d_{gdn}\left(\otimes_{x_j},\otimes_{y_j}\right)\right)$

$$=EGOWAGD\left(d_{gd1}\left(\otimes_{\bar{x}_j},\otimes_{\bar{y}_j}\right),d_{gd2}\left(\otimes_{\bar{x}_j},\otimes_{\bar{y}_j}\right),\cdots,\right.$$

$$d_{gdn}\left(\otimes_{\bar{x}_j},\otimes_{\bar{y}_j}\right)\right) \qquad (3-9)$$

在 EGOWAGD 算子中，$d_{gdk}\left(\otimes_{x_j},\otimes_{y_j}\right)$ 的权重与置换后的位置无关，因此定理 3-3 成立，此处证明从略。

定理 3-4（单调性）设 $X=\{\otimes_{x_j}|\otimes_{y_j}=\bigcup_{h=1}^{l_{x_j}}[a^{x_j}_h,\ b^{x_j}_h],\ j=1,\ 2,\ \cdots,\ n\}$ 和 $Y=\{\otimes_{y_j}|\otimes_{y_j}=\bigcup_{h=1}^{l_{y_j}}[c^{y_j}_i,\ d^{y_j}_i],\ j=1,\ 2,\ \cdots,\ n\}$ 为两组扩展灰数，l_{x_j} 和 l_{y_j} 分

别为扩展灰数 $\otimes_{x_j}$ 和 $\otimes_{y_j}$ 中元素的个数，如果对于所有的值 k 都有 $d_{gdk}(\otimes_{x_j},$

$\otimes_{y_j}) \geqslant d_{gdk}(\otimes_{\bar{x}_j}, \otimes_{\bar{y}_j})$，则

$$EGOWAGD(d_{gd1}(\otimes_{x_j}, \otimes_{y_j}), d_{gd2}(\otimes_{x_j}, \otimes_{y_j}), \cdots, d_{gdn}(\otimes_{x_j}, \otimes_{y_j})) \geqslant$$

$$=EGOWAGD(d_{gd1}(\otimes_{\bar{x}_j}, \otimes_{\bar{y}_j}), d_{gd2}(\otimes_{\bar{x}_j}, \otimes_{\bar{y}_j}), \cdots,$$

$$d_{gdn}(\otimes_{\bar{x}_j}, \otimes_{\bar{y}_j})) \tag{3-10}$$

证明：

$$(d_{gdk}(\otimes_{x_j}, \otimes_{y_j}) \geqslant d_{gd1}(\otimes_{\bar{x}_j}, \otimes_{\bar{y}_j})$$

$$\Rightarrow \frac{1}{2}\left(\frac{1}{2l_{x_j}}\sum_{h=1}^{l_{x_j}}\min_{i=1}^{l_{y_j}}(|a^x_h-c^y_i|+|b^x_h-d^y_i|) + \frac{1}{2l_{y_j}}\sum_{i=1}^{l_{y_j}}\min_{h=1}^{l_{x_j}}(|c^y_i-a^x_h|+|d^y_i-b^x_h|)\right)^{\sigma(k)} \geqslant$$

$$\frac{1}{2}\left(\frac{1}{2l_{\bar{x}_j}}\sum_{h=1}^{b_{x_j}}\min_{i=1}^{l_{y_j}}(|a^{\bar{x}}_h-c^{\bar{y}}_i|+|b^{\bar{x}}_h-d^{\bar{y}}_i|) + \frac{1}{2l_{\bar{y}_j}}\sum_{i=1}^{l_{y_j}}\min_{h=1}^{l_{x_j}}(|c^{\bar{y}}_i-a^{\bar{x}}_h|+|d^{\bar{y}}_i-b^{\bar{x}}_h|)\right)^{\sigma(k)}$$

$$\Rightarrow \frac{\omega_k}{2}\left(\frac{1}{2l_{x_j}}\sum_{h=1}^{l_{x_j}}\min_{i=1}^{l_{y_j}}(|a^x_h-c^y_i|+|b^x_h-d^y_i|) + \frac{1}{2l_{y_j}}\sum_{i=1}^{l_{y_j}}\min_{h=1}^{l_{x_j}}(|c^y_i-a^x_h|^2+|d^y_i-b^x_h|)\right)^{\sigma(k)} \geqslant$$

$$\frac{\omega_k}{2}\left(\frac{1}{2l_{\bar{x}_j}}\sum_{h=1}^{l_{x_j}}\min_{i=1}^{l_{y_j}}(|a^{\bar{x}}_h-c^{\bar{y}}_i|^2+|b^{\bar{x}}_h-d^{\bar{y}}_i|) + \frac{1}{2l_{\bar{y}_j}}\sum_{i=1}^{l_{y_j}}\min_{h=1}^{l_{x_j}}(|c^{\bar{y}}_i-a^{\bar{x}}_h|^2+|d^{\bar{y}}_i-b^{\bar{x}}_h|)\right)^{\sigma(k)}$$

$$\Rightarrow \left(\sum_{k=1}^{n}\frac{\omega_k}{2}\left(\frac{1}{2l_{x_j}}\sum_{h=1}^{l_{x_j}}\min_{i=1}^{l_{y_j}}(|a^x_h-c^y_i|+|b^x_h-d^y_i|) + \frac{1}{2l_{y_j}}\sum_{i=1}^{l_{y_j}}\min_{h=1}^{l_{x_j}}(|c^y_i-a^x_h|^2 + |d^y_i-b^x_h|)\right)^{\sigma(k)}\right)^{1/\lambda} \geqslant$$

$$\left(\sum_{k=1}^{n}\frac{\omega_k}{2}\left(\frac{1}{2l_{\bar{x}_j}}\sum_{h=1}^{l_{x_j}}\min_{i=1}^{l_{y_j}}(|a^{\bar{x}}_h-c^{\bar{y}}_i|^2+|b^{\bar{x}}_h-d^{\bar{y}}_i|) + \frac{1}{2l_{\bar{y}_j}}\sum_{i=1}^{l_{y_j}}\min_{h=1}^{l_{x_j}}(|c^{\bar{y}}_i-a^{\bar{x}}_h|^2 + |d^{\bar{y}}_i-a^{\bar{x}}_h|)\right)^{\sigma(k)}\right)^{1/\lambda}$$

$$\Rightarrow EGOWAGD(d_{gd1}(\otimes_{x_j}, \otimes_{y_j}), d_{gd2}(\otimes_{x_j}, \otimes_{y_j}), \cdots, d_{gdn}(\otimes_{x_j}, \otimes_{y_j})) \geqslant$$

$$EGOWAGD(d_{gd1}(\otimes_{\bar{x}_j}, \otimes_{\bar{y}_j}), d_{gd2}(\otimes_{\bar{x}_j}, \otimes_{\bar{y}_j}), \cdots, d_{gdn}(\otimes_{\bar{x}_j}, \otimes_{\bar{y}_j}))$$

由此可见，定理 3-4 成立。

定理 3-5（有界性） 设 $X=\{\otimes_{x_j} | \otimes_{y_j} = \bigcup_{h=1}^{l_{x_j}}[a^{x_j}_h, b^{x_j}_h], j=1, 2, \cdots, n\}$

和 $Y=\{\otimes_{y_j} \mid \otimes_{y_j} = \bigcup\limits_{h=1}^{l_{y_j}} [c^{y_j}{}_i,\ d^{y_j}{}_i]$, $j=1,\ 2,\ \cdots,\ n\}$ 为两组扩展灰数，l_{x_j} 和 l_{y_j} 分别为扩展灰数 $\otimes_{x_j}$ 和 $\otimes_{x_j}$ 中元素的个数，则

$$\min\{d_{gd}\ (\otimes_{x_j},\ \otimes_{y_j})\} \leqslant EGOWAGD\ (d_{gd1}\ (\otimes_{x_j},\ \otimes_{y_j}),\ d_{gd2}\ (\otimes_{x_j},\ \otimes_{y_j}),$$

$$\cdots,\ d_{gdn}\ (\otimes_{x_j},\ \otimes_{y_j})) \leqslant \max\{d_{gd}\ (\otimes_{x_j},\ \otimes_{y_j})\} \tag{3-11}$$

证明：假设

$$\min\{d_{gd}\ (\otimes_{x_j},\ \otimes_{y_j})\}$$

$$= \frac{1}{2}\ (\ \frac{1}{2l_{x_j}}\sum_{h=1}^{l_{x_j}}\min_{i=1}^{l_{y_j}}\ (\ |a^{x_j}{}_h - c^{y_j}{}_i| + |b^{x_j}{}_h - d^{y_j}{}_i|\ ) + (\ \frac{1}{2l_{y_j}}\sum_{i=1}^{l_{y_j}}\min_{h=1}^{l_{x_j}}\ (\ |c^{y_j}{}_i - a^{x_j}{}_h| + |d^{y_j}{}_i - b^{x_j}{}_h|\ )\ )\ ^{\sigma\,(n)}$$

$$= a$$

$$\max\{d_{gd}\ (\otimes_{x_j},\ \otimes_{y_j})\}$$

$$= \frac{1}{2}\ (\ \frac{1}{2l_{x_j}}\sum_{h=1}^{l_{x_j}}\min_{i=1}^{l_{y_j}}\ (\ |a^{x_j}{}_h - c^{y_j}{}_i| + |b^{x_j}{}_h - d^{y_j}{}_i|\ ) + (\ \frac{1}{2l_{y_j}}\sum_{i=1}^{l_{y_j}}\min_{h=1}^{l_{x_j}}\ (\ |c^{y_j}{}_i - a^{x_j}{}_h| + |d^{y_j}{}_i - b^{x_j}{}_h|\ )\ )\ ^{\sigma\,(1)}$$

$$= b$$

则

$$EGOWAGD\ (d_{gd1}\ (\otimes_{x_j},\ \otimes_{y_j}),\ d_{gd2}\ (\otimes_{x_j},\ \otimes_{y_j}),\ \cdots,\ d_{gdn}\ (\otimes_{x_j},\ \otimes_{y_j}))$$

$$= (\ \sum_{k=1}^{n}\frac{\omega_k}{2}\ (\ \frac{1}{2l_{x_j}}\sum_{h=1}^{l_{x_j}}\min_{i=1}^{l_{y_j}}\ (\ |a^{x_j}{}_h - c^{y_j}{}_i| + |b^{x_j}{}_h - d^{y_j}{}_i|\ ) + (\ \frac{1}{2l_{y_j}}\sum_{i=1}^{l_{y_j}}\min_{h=1}^{l_{x_j}}\ (\ |c^{y_j}{}_i - a^{x_j}{}_h|^2$$

$$+ |d^{y_j}{}_i - b^{x_j}{}_h|\ )\ )\ ^{\sigma\,(k)}\ )^{1/\lambda} \geqslant (\ \sum_{k=1}^{n}\omega_k a^{\lambda}\ )^{1/\lambda} = a$$

$$EGOWAGD\ (d_{gd1}\ (\otimes_{x_j},\ \otimes_{y_j}),\ d_{gd2}\ (\otimes_{x_j},\ \otimes_{y_j}),\ \cdots,\ d_{gdn}\ (\otimes_{x_j},\ \otimes_{y_j}))$$

$$= (\ \sum_{k=1}^{n}\frac{\omega_k}{2}\ (\ \frac{1}{2l_{x_j}}\sum_{h=1}^{l_{x_j}}\min_{i=1}^{l_{y_j}}\ (\ |a^{x_j}{}_h - c^{y_j}{}_i| + |b^{x_j}{}_h - d^{y_j}{}_i|\ ) + (\ \frac{1}{2l_{y_j}}\sum_{i=1}^{l_{y_j}}\min_{h=1}^{l_{x_j}}\ (\ |c^{y_j}{}_i - a^{x_j}{}_h|^2$$

$$+ |d^{y_j}{}_i - b^{x_j}{}_h|\ )\ )\ ^{\sigma\,(k)}\ )^{1/\lambda} \geqslant (\ \sum_{k=1}^{n}\omega_k b^{\lambda}\ )^{1/\lambda} = b$$

因此，可以得到 $\min\{d_{gd}\ (\otimes_{x_j},\ \otimes_{y_j})\} \leqslant EGOWAGD\ (d_{gd1}\ (\otimes_{x_j},\ \otimes_{y_j}),$ $d_{gd2}\ (\otimes_{x_j},\ \otimes_{y_j}),\ \cdots,\ d_{gdn}\ (\otimes_{x_j},\ \otimes_{y_j})) \leqslant \max\{d_{gd}\ (\otimes_{x_j},\ \otimes_{y_j})\}$，由此可知定理 3-5 成立。

定理 3-6（幂等性） 设 $X=\{\otimes_{x_j} | \otimes_{x_j} = \bigcup_{h=1}^{l_{x_j}} [a^{x_j}_h, b^{x_j}_h], j=1, 2, \cdots, n\}$

和 $Y=\{\otimes_{y_j} | \otimes_{y_j} = \bigcup_{h=1}^{l_{y_j}} [c^{y_j}_i, d^{y_j}_i], j=1, 2, \cdots, n\}$ 为两组扩展灰数，l_{x_j} 和 l_{y_j} 分

别为扩展灰数 $\otimes_{x_j}$ 和 $\otimes_{y_j}$ 中元素的个数，如果对于所有的 j 值都有 $d_{gdk}(\otimes_{x_j},$

$\otimes_{y_j}) = c$，则

$$EGOWAGD(d_{gd1}(\otimes_{x_j}, \otimes_{y_j}), d_{gd2}(\otimes_{x_j}, \otimes_{y_j}), \cdots,$$

$$d_{gdn}(\otimes_{x_j}, \otimes_{y_j})) = c \qquad (3-12)$$

证明：

因为对于所有的 j 值都有 $d_{gdk}(\otimes_{x_j}, \otimes_{y_j}) = c$，所以可以得到：

$$EGOWAGD(d_{gd1}(\otimes_{x_j}, \otimes_{y_j}), d_{gd2}(\otimes_{x_j}, \otimes_{y_j}), \cdots, d_{gdn}(\otimes_{x_j}, \otimes_{y_j}))$$

$$= (\sum_{k=1}^{n} \omega_k d_{gdk}(\otimes_{x_j}, \otimes_{y_j})^{\lambda})^{1/\lambda}$$

$$= (\sum_{k=1}^{n} \omega_k c^{\lambda})^{1/\lambda}$$

$$= (c^{\lambda} \sum_{k=1}^{n} \omega_k)^{1/\lambda}$$

$$= c$$

由此可见，定理 3-6 成立。

定理 3-7（非负性） 设 $X=\{\otimes_{x_j} | \otimes_{x_j} = \bigcup_{h=1}^{l_{x_j}} [a^{x_j}_h, b^{x_j}_h], j=1, 2, \cdots, n\}$

和 $Y=\{\otimes_{y_j} | \otimes_{y_j} = \bigcup_{h=1}^{l_{y_j}} [c^{y_j}_i, d^{y_j}_i], j=1, 2, \cdots, n\}$ 为两组扩展灰数，l_{x_j} 和 l_{y_j} 分

别为扩展灰数 $\otimes_{x_j}$ 和 $\otimes_{y_j}$ 中元素的个数，则

$$EGOWAGD(d_{gd1}(\otimes_{x_j}, \otimes_{y_j}), d_{gd2}(\otimes_{x_j}, \otimes_{y_j}), \cdots, d_{gdn}(\otimes_{x_j}, \otimes_{y_j}))$$

$$\geqslant 0 \qquad (3-13)$$

由于对于所有的 j 值都有 $d_{gdk}(\otimes_{x_j}, \otimes_{y_j}) \geqslant 0$，因此很容易得出

$$EGOWAGD(d_{gd1}(\otimes_{x_j}, \otimes_{y_j}), d_{gd2}(\otimes_{x_j}, \otimes_{y_j}), \cdots, d_{gdn}(\otimes_{x_j}, \otimes_{y_j})) \geqslant 0$$

的结论，由此可知定理 3-7 成立，此处证明从略。

定理 3-8（自反性） 设 $X=\{\otimes_{x_j}|\otimes_{x_j}=\bigcup_{h=1}^{l_{x_j}}[a^{x_j}_h, b^{x_j}_h], j=1, 2, \cdots, n\}$ 为一组扩展灰数，则

$$EGOWAGD\left(d_{gd1}\left(\otimes_{x_j}, \otimes_{y_j}\right), d_{gd2}\left(\otimes_{x_j}, \otimes_{y_j}\right), \cdots,\right.$$

$$\left. d_{gdn}\left(\otimes_{x_j}, \otimes_{y_j}\right)\right)=0 \tag{3-14}$$

由于，$d_{gdk}\left(\otimes_{x_j}, \otimes_{y_j}\right)=0$，因此定理 3-8 成立，此处证明从略。

在实际的决策问题中，评估多个备选方案时往往涉及多个准则，需要考虑不同准则的权重信息。因此，针对此问题，本书拟提出扩展灰数混合有序加权平均广义距离（EGHOWAGD）算子。

定义 3-6 设 $\otimes_{x_j}$ 和 $\otimes_{y_j}$（$j=1, 2, \cdots, n$）为两组扩展灰数，EGHOWAGD 算子是一个映射：$d_{gd}{}^n \times d_{gd}{}^n \rightarrow d_{gd}$，则

$$EGOWAGD\left(d_{gd1}\left(\otimes_{x_j}, \otimes_{y_j}\right), d_{gd2}\left(\otimes_{x_j}, \otimes_{y_j}\right), \cdots, d_{gdn}\left(\otimes_{x_j}, \otimes_{y_j}\right)\right)$$

$$=\left(\sum_{k=1}^n \omega_k\left(\left(w_j d_{gd}\left(\otimes_{x_j}, \otimes_{y_j}\right)\right)^{\sigma(k)}\right)^\lambda\right)^{1/\lambda} \tag{3-15}$$

其中，ω_k 是 $\left(w_j d_{gd}\left(\otimes_{x_j}, \otimes_{y_j}\right)\right)^{\sigma(k)}$ 的权重，满足 $\omega_k \in [0, 1]$ 和 $\sum_{k=1}^n \omega_k=1$。$\left(w_j d_{gd}\left(\otimes_{x_j}, \otimes_{y_j}\right)\right)^{\sigma(k)}$ 是 $w_j d_{gd}\left(\otimes_{x_j}, \otimes_{y_j}\right)$ 中第 k 大的元素。

以上定义的 EGHOWAGD 算子的具体表现形式如定理 3-9 所示。

定理 3-9 设 $X=\{\otimes_{x_j}|\otimes_{x_j}=\bigcup_{h=1}^{l_{x_j}}[a^{x_j}_h, b^{x_j}_h], j=1, 2, \cdots, n\}$ 和 $Y=\{\otimes_{y_j}|\otimes_{y_j}=\bigcup_{h=1}^{l_{y_j}}[c^{y_j}_i, d^{y_j}_i], j=1, 2, \cdots, n\}$ 为两组扩展灰数，l_{x_j} 和 l_{y_j} 分别为扩展灰数 $\otimes_{x_j}$ 和 $\otimes_{y_j}$ 中元素的个数，则扩展灰数混合有序加权平均广义距离（EGHOWAGD）算子的具体形式为：

$$EGOWAGD\left(d_{gd1}\left(\otimes_{x_j}, \otimes_{y_j}\right), d_{gd2}\left(\otimes_{x_j}, \otimes_{y_j}\right), \cdots, d_{gdn}\left(\otimes_{x_j}, \otimes_{y_j}\right)\right)$$

$$=\left(\sum_{k=1}^n \frac{\omega_k}{2}\left(w_j\left(\frac{1}{2l_{x_j}}\sum_{h=1}^{l_{x_j}}\min_{i=1}^{l_{y_j}}\left(|a^{x_j}_h-c^{y_j}_i|+|b^{x_j}_h-d^{y_j}_i|^\lambda\right)\right.\right.\right.$$

$$\left.\left.\left.+\left(\frac{1}{2l_{y_j}}\sum_{i=1}^{l_{y_j}}\min_{h=1}^{l_{x_j}}\left(|c^{y_j}_i-a^{x_j}_h|^\lambda+|d^{y_j}_i-b^{x_j}_h|^\lambda\right)\right)\right)^{\sigma(k)}\right)\right)^{1/\lambda} \tag{3-16}$$

当 $\lambda=1$ 时，则 EGHOWAGD 算子变成扩展灰数有序加权平均 Hamming 距离 EGHOWAHD 算子。当 $\lambda=2$ 时，则 EGHOWAGD 算子变成扩展灰数有序加权平均 Euclidean 距离 EGHOWAED 算子。

$$EGOWAGD\left(d_{gd1}\left(\otimes_{x_j},\otimes_{y_j}\right),d_{gd2}\left(\otimes_{x_j},\otimes_{y_j}\right),\cdots,d_{gdn}\left(\otimes_{x_j},\otimes_{y_j}\right)\right)$$

$$=\left(\sum_{k=1}^{n}\frac{\omega_k}{2}\left(w_j\left(\frac{1}{2l_{x_j}}\sum_{h=1}^{l_{x_i}}\min_{i=1}^{l_{y_i}}\left(|a^{x_j}_h-c^{y_j}_i|+|b^{x_j}_h-d^{y_j}_i|\right)\right.\right.$$

$$+\left(\frac{1}{2l_{y_j}}\sum_{i=1}^{l_{y_i}}\min_{h=1}^{l_{x_i}}\left(|c^{y_j}_i-a^{x_j}_h|+|d^{y_j}_i-b^{x_j}_h|\right)\right)\right)^{\sigma(k)} \qquad (3-17)$$

$$EGOWAGD\left(d_{gd1}\left(\otimes_{x_j},\otimes_{y_j}\right),d_{gd2}\left(\otimes_{x_j},\otimes_{y_j}\right),\cdots,d_{gdn}\left(\otimes_{x_j},\otimes_{y_j}\right)\right)$$

$$=\left(\sum_{k=1}^{n}\frac{\omega_k}{2}\left(w_j\left(\frac{1}{2l_{x_j}}\sum_{h=1}^{l_{x_i}}\min_{i=1}^{l_{y_i}}\left(|a^{x_j}_h-c^{y_j}_i|^2+||b^{x_j}_h-d^{y_j}_i|^2\right)\right.\right.$$

$$+\left(\frac{1}{2l_{y_j}}\sum_{i=1}^{l_{y_i}}\min_{h=1}^{l_{x_i}}\left(|c^{y_j}_i-a^{x_j}_h|^2+|d^{y_j}_i-b^{x_j}_h|^2\right)\right)\right)^{\sigma(k)}\right)^{1/2} \qquad (3-18)$$

容易证明 EGHOWAGD 算子具有有界性、非负性和自反性等性质，此处证明从略。

3.2 基于期望效用和拓展 VIKOR 的灰色随机多准则决策方法

VIKOR 是经典的基于距离测度的多准则决策方法之一，其不仅考虑了群体效用的最大化，还考虑了个体遗憾的最小化。目前，VIKOR 方法已被学者广泛关注并被拓展至处理准则值为区间数、模糊数、语言变量等的多准则决策问题。本节拟在 3.1.2 节定义的扩展灰数距离测度的基础上，提出基于期望效用和拓展 VIKOR 的决策方法。

3.2.1 问题描述

灰色随机多准则决策问题一般存在多个备选方案（设方案集为 $X=\{x_1,x_2,\cdots,x_n\}$），考虑多个评价准则（设评价准则集为 $C=\{c_1,$

c_2, $\cdots$, $c_n\}$），准则的权重信息为 $\boldsymbol{W}=(w_1, w_2, \cdots, w_m)$，且满足 $w_j \in [0, 1]$ 和 $\sum\limits_{j=1}^{m} w_j=1$。所有方案在每个准则下的评价信息用灰色随机变量表示，下面根据灰色随机变量的两种形式分别介绍离散型和连续型灰色随机多准则决策问题。

（1）离散型灰色随机多准则决策问题

在离散型灰色随机多准则决策问题中，方案 x_i（$i=1, 2, \cdots, n$）在准则 c_j（$j=1, 2, \cdots, m$）下的评价值 $\otimes u_{ij}^t$ 有可能面临多个自然状态 θ_t（$t=1, 2, \cdots, s$），各自然状态发生的概率为 p_{ij}^t，满足 $p_{ij}^t \geq 0$，且 $\sum\limits_{t=1}^{s} p_{ij}^t=1$。离散型灰色随机多准则问题的决策矩阵可以表示为表 3–1 的形式。

表 3–1　离散型灰色随机多准则决策矩阵

	c_1					$\cdots$	c_j					$\cdots$	c_m				
	θ_1	$\cdots$	θ_t	$\cdots$	θ_s		θ_1	$\cdots$	θ_t	$\cdots$	θ_s		θ_1	$\cdots$	θ_t	$\cdots$	θ_s
x_1	u_{11}^1	$\cdots$	u_{11}^t		u_{11}^s		u_{1j}^1	$\cdots$	u_{1j}^t		u_{1j}^s		u_{1m}^1	$\cdots$	u_{1m}^t	$\cdots$	u_{1m}^s
$\cdots$	$\cdots$	$\cdots$	$\cdots$	$\cdots$	$\cdots$		$\cdots$	$\cdots$	$\cdots$	$\cdots$	$\cdots$		$\cdots$	$\cdots$	$\cdots$	$\cdots$	$\cdots$
x_i	u_{i1}^1	$\cdots$	u_{i1}^t		u_{i1}^s		u_{ij}^1	$\cdots$	u_{ij}^t		u_{ij}^s		u_{im}^1	$\cdots$	u_{im}^t	$\cdots$	u_{im}^s
$\cdots$	$\cdots$	$\cdots$	$\cdots$	$\cdots$	$\cdots$		$\cdots$	$\cdots$	$\cdots$	$\cdots$	$\cdots$		$\cdots$	$\cdots$	$\cdots$	$\cdots$	$\cdots$
x_n	u_{n1}^1	$\cdots$	u_{n1}^t		u_{n1}^s		u_{nj}^1	$\cdots$	u_{nj}^t		u_{nj}^s		u_{nm}^1	$\cdots$	u_{nm}^t	$\cdots$	u_{nm}^s

（2）连续型灰色随机多准则决策问题

在连续型灰色随机多准则决策问题中，方案 x_i（$i=1, 2, \cdots, n$）在准则 c_j（$j=1, 2, \cdots, m$）下的评价值可以用概率密度函数 $f_{ij}(u)$ 表示，且满足 $\int_{-\infty}^{+\infty} f_{ij}(u)\,du=1$。连续型灰色随机多准则问题的决策矩阵可以表示为表 3–2 的形式。

表 3–2　连续型灰色随机多准则决策矩阵

	c_1	$\cdots$	c_j	$\cdots$	c_m
x_1	$f_{11}(u)$	$\cdots$	$f_{1j}(u)$	$\cdots$	$f_{1m}(u)$
$\cdots$	$\cdots$	$\cdots$	$\cdots$	$\cdots$	$\cdots$
x_i	$f_{i1}(u)$	$\cdots$	$f_{ij}(u)$	$\cdots$	$f_{im}(u)$
$\cdots$	$\cdots$	$\cdots$	$\cdots$	$\cdots$	$\cdots$
x_n	$f_{n1}(u)$	$\cdots$	$f_{nj}(u)$	$\cdots$	$f_{nm}(u)$

离散型灰色随机多准则决策问题的准则值分布可以描述为概率分布函数形式，即 $f_{ij}(u) = \sum_{t=1}^{s} p_{ij}^t \delta_{ij}(u-u_{ij}^t)$ ，其中 $\delta_{ij}(u-u_{ij}^t) = \begin{cases} 0, & u \neq u_{ij}^t \\ \infty, & u \neq u_{ij}^t \end{cases}$ 为狄拉克函数[150]，满足 $\int_{-\infty}^{+\infty} \delta_{ij}(u-u_{ij}^t) \mathrm{d}u = 1$。因此，可以将离散型灰色随机多准则决策问题描述为连续型灰色随机多准则决策问题的形式。

在本小节中，考虑某一准则权重信息不完全确定的离散型灰色随机多准则决策问题，在 θ_t 状态时方案 x_i 在准则 c_j 下的评估值用扩展灰数 $\otimes u_{ij}^t = \bigcup_{h=1}^{l_{ij}} [a_{ijk}^t, b_{ijk}^t]$ 表示，并且满足 $a_{ij1}^t \leq b_{ij1}^t < a_{ij2}^t \leq b_{ij2}^t < \cdots < a_{ijl_{ij}}^t \leq b_{ijl_{ij}}^t$，从而可以得到决策矩阵 $\boldsymbol{R}^t = (\otimes u_{ij}^t)_{n \times m}$。试对各方案进行排序。

3.2.2 基于期望效用和拓展 VIKOR 的灰色随机多准则决策步骤

针对上述问题，下面将 VIKOR 方法进行拓展，结合期望效用理论提出相应的灰色随机多准则决策方法，具体步骤如下。

步骤 1 规范化处理。

规范化处理可以消除不同物理量纲和数量级对决策结果的影响，使得各准则评价信息具有可比性。通常，准则分为效益型（准则值越大越好）和成本型（准则值越小越小）两大类型。

对于效益型准则，其规范化公式为：

$$\otimes u_{ij}'^t = \frac{\otimes u_{ij}^t}{b_{ijk}^{t(\max)}} = \bigcup_{k=1}^{l_{ij}} [\frac{a_{ijk}^t}{b_{ijk}^{t(\max)}}, \frac{b_{ijk}^t}{b_{ijk}^{t(\max)}}] \qquad (3-19)$$

其中，$b_{ijk}^{t(\max)} = \max_{1 \leq k \leq l_{ij}, 1 \leq i \leq n} b_{ijk}^{t(\max)}$。

另一方面，对于成本型准则，其规范化公式为：

$$\otimes u_{ij}'^t = \frac{a_{ijk}^{t(\min)}}{\otimes u_{ij}^t} = \bigcup_{k=1}^{l_{ij}} [\frac{a_{ijk}^{t(\min)}}{b_{ijk}^t}, \frac{a_{ijk}^{t(\min)}}{a_{ijk}^t}] \qquad (3-20)$$

其中，$a_{ijk}^{t(\min)} = \min_{1 \leq k \leq l_{ij}, 1 \leq i \leq n} a_{ijk}^t$。

规范化后的矩阵可以表示为 $\boldsymbol{N'}=(\otimes u'^{t}_{ij})$，其中 $\otimes u'^{t}_{ij}=\bigcup_{k=1}^{l_{ij}}[\underline{u}'^{t}_{ijk}, \overline{u}'^{t}_{ik}]$。

步骤2 计算期望值。

根据期望效用理论，计算每个方案的每个准则在各状态下的期望值，计算公式为：

$$E\left(\xi\left(\otimes r_{ij}\right)\right)=\sum_{t=1}^{s}p_t\times\otimes u'^{t}_{ij}\qquad(3-21)$$

从而，可以得到期望值灰色决策矩阵 $\boldsymbol{E'}=(\otimes r_{ij})_{n\times m}$，其中 $\otimes r_{ij}=\bigcup_{k=1}^{l_{ij}}[\underline{r}'^{t}_{ijk}, \overline{r}'^{t}_{ik}]$。

步骤3 确定正理想解（PIS）和负理想解（NIS）。

对于期望值灰色决策矩阵，$R^{+}=(\otimes r_1^{+}, \otimes r_2^{+}, \cdots, \otimes r_m^{+})$ 为正理想解，$R^{-}=(\otimes r_1^{-}, \otimes r_2^{-}, \cdots, \otimes r_m^{-})$ 为负理想解，$\otimes r_j^{+}=[\underline{r}_j^{+}, \overline{r}_j^{+}]$ 和 $\otimes r_j^{-}=[\underline{r}_j^{-}, \overline{r}_j^{-}]$ 分别为每个准则下的正负理想解，其确定公式为：

$$\underline{r}_j^{+}=\overline{r}_j^{+}=\max\{\overline{r}_{ijk}|1\leq i\leq n, 1\leq j\leq m, 1\leq k\leq l_{ij}\}\qquad(3-22)$$

$$\underline{r}_j^{-}=\overline{r}_j^{-}=\min\{\underline{r}_{ijk}|1\leq i\leq n, 1\leq j\leq m, 1\leq k\leq l_{ij}\}\qquad(3-23)$$

步骤4 确定最优准则权重。

在实际决策时，如果针对某个准则各个备选方案的评估值相差不大，则说明该准则在评估方案时所起的作用相对较小。相反地，如果针对某个准则各个方案的评估值有明显的差异，则说明该准则在评估方案时所起的作用相对较大[151]。因此，如果某一准则下所有方案的评估值均比较相似，则该准则应被赋予相对较小的权重；否则，如果某一准则下所有方案的评估值有较大的偏差，则该准则应被赋予相对较大的权重[152]。尤其是当一个准则下所有方案评估值相等时，说明该准则不能用于区分各个备选方案，因而在决策中不重要[153]。

考虑到各准则下不同方案之间评价值的偏差，我们基于扩展灰数距离构建一个优化模型求解不完全确定的权重信息。首先，计算准则 c_j 下方案 a_i 与其他方案之间的距离，具体公式如下：

$$D_{ij}=\frac{1}{n-1}\sum_{g=1,g\neq1}^{n}d_{gd}\left(\otimes r_{ij},\otimes r_{gj}\right),\ i=1,2,\cdots,n;\ j=1,2,\cdots,m\ （3-24）$$

其中，$d_{gd}\left(\otimes r_{ij},\otimes r_{gj}\right)$ 为扩展灰数 $\otimes r_{ij}$ 与 $\otimes r_{gj}$ 之间的距离。

然后，计算准则 c_j 所有方案的总距离：

$$D_j=\frac{1}{n-1}\sum_{i=1}^{n}\sum_{g=1,g\neq1}^{n}d_{gd}\left(\otimes r_{ij},\otimes r_{gj}\right)\ j=1,2,\cdots,m\qquad（3-25）$$

最后，构建优化模型求解准则权重：

$$\begin{cases}\max D\left(w\right)=\sum_{j=1}^{m}D_jw_j=\frac{1}{n-1}\sum_{j=1}^{m}w_j\sum_{i=1}^{n}\sum_{g=1,g\neq1}^{n}d_{gd}\left(\otimes r_{ij},\otimes r_{gj}\right)\\[2mm]\sum_{j=1}^{m}w_j=1,\ w_j\geqslant0,\ j=1,2,\cdots,m\\[2mm]\text{部分已知权重信息}\end{cases}\qquad（3-26）$$

求解得出的权重向量用 $\boldsymbol{w}^*=\left(w_1^*,w_2^*,\cdots,w_m^*\right)$ 表示。

步骤5 计算各备选方案的 S_i、R_i 和 Q_i 值（$i=1,2,\cdots,n$）。

群体效用值 S_i 的计算公式为：

$$S_i=\sum_{j=1}^{n}\frac{w_j^*d_{gd}\left(\otimes r_{ij},\otimes r_j^+\right)}{d_{gd}\left(\otimes r_j^+,\otimes r_j^-\right)}\qquad（3-27）$$

个体遗憾值 R_i 的计算公式为：

$$R_i=\max_{1\leqslant j\leqslant m}\frac{w_j^*d_{gd}\left(\otimes r_{ij},\otimes r_j^+\right)}{d_{gd}\left(\otimes r_j^+,\otimes r_j^-\right)}\qquad（3-28）$$

折衷评价值 Q_i 的计算公式为：

$$Q_i=\frac{v\left(S_i^--S^*\right)}{\left(S^--S^*\right)}+\frac{\left(1-v\right)\left(R_i-R^*\right)}{\left(R^--R^*\right)}\qquad（3-29）$$

其中，$S^-=\max_i S_i$，$S^*=\min_i S_i$，$R^-=\max_i R_i$，$R^*=\max_i R_i$，v 为折衷系数。

步骤6 根据 S_i、R_i 和 Q_i 值的大小进行排序。

分别根据 S_i、R_i 和 Q_i 值的大小对各备选方案进行排序，值越小，则方案排序越靠前。

步骤 7 确定最佳折衷方案。

假设方案 $x^{(1)}$ 是根据 Q_i（i=1，2，$\cdots$，n）值排序得到的最优方案（Q_i 值最小），若其满足下面两个条件，则 $x^{(1)}$ 为最优备选方案。

条件 1　$Q(x^{(2)})-Q(x^{(1)}) \geqslant \dfrac{1}{m-1}$，其中，$x^{(2)}$ 是根据 Q_i（i=1，2，$\cdots$，n）值排序得到的次优方案（Q_i 值第二小）。

条件 2　在根据 S_i 和 R_i 值大小得到的方案排序中，$x^{(1)}$ 至少有一个排序最为靠前。

如果上述条件中有一个条件不满足，则可以得到一个折衷解集：（1）如果满足条件 1 而不满足条件 2，则折衷解集为 $\{x^{(1)}，x^{(2)}\}$；（2）如果满足条件 2 而不满足条件 1，则折衷解集为 $\{x^{(1)}，x^{(2)}，\cdots，x^{(n)}\}$，其中，$n$ 是满足不等式 $Q(x^{(n)})-Q(x^{(1)}) < \dfrac{1}{m-1}$ 中的最大值。

3.2.3　算例分析

本节通过改编文献[99] 的随机多准则决策算例来介绍基于期望效用和拓展 VIKOR 的灰色随机多准则决策方法。

某风险投资公司拟对医药科研项目进行资助，$X=\{x_1，x_2，x_3\}$ 为 3 个备选项目，$C=\{c_1，c_2，c_3，c_4\}$ 为 4 个考核维度，分别为：准则 c_1 表示项目盈利能力；准则 c_2 表示企业管理能力；准则 c_3 表示市场环境；准则 c_4 表示科研技术风险。准则集的权重信息为 $\boldsymbol{W}=(w_1，w_2，w_3，w_4)$，满足 $0.1 \leqslant w_1 \leqslant 0.3, 0.3 \leqslant w_2 \leqslant 0.4, 0.2 \leqslant w_3 \leqslant 0.4, 0.2 \leqslant w_4 \leqslant 0.4$ 和 $\sum\limits_{j=1}^{4} w_j=1$。各准则可能出现的自然状态为 $\varTheta_j=(\theta_j^1，\theta_j^2，\cdots，\theta_j^{l_j})$，$p_j^t$ 表示准则 c_j 下状态 θ_j^t（$1 \leqslant t \leqslant l_j$）发生的概率。假设决策者以扩展

灰数的形式给出各备选方案在各准则下的评估值 $\otimes u_{ij}^t = \bigcup_{k=1}^{l_{ij}} [a_{ijk}^t, b_{ijk}^t]$（$i=1$，2，3，4；$j=1$，2，3，4；$t=1$，2，3），满足 $a_{ij1}^t \leqslant b_{ij1}^t < a_{ij2}^t \leqslant b_{ij2}^t < \cdots < a_{ijl_{ij}}^t \leqslant b_{ijl_{ij}}^t$。灰色随机决策矩阵 $\boldsymbol{R}^t = (\otimes u_{ij}^t)_{3 \times 4}$，如表 3-3 ~ 3-6 所示。根据以上信息，请对各项目进行优劣排序并选择最优项目。

表 3-3　准则 c_1 下的决策矩阵

θ_1	p_1^t	x_1	x_2	x_3
较弱	0.2	[55, 65] ∪ [70, 80]	[60, 70] ∪ [75, 85]	[62, 70] ∪ [75, 80]
较强	0.8	[70, 80] ∪ [85, 90]	[82, 88] ∪ [90, 95]	[85, 90] ∪ [93, 96]

表 3-4　准则 c_2 下的决策矩阵

θ_2	p_2^t	x_1	x_2	x_3
中等	0.2	[65, 75]	[70, 85]	[75, 82]
较弱	0.3	[60, 70]	[76, 82]	[72, 80]
较强	0.5	[70, 80]	[83, 86]	[85, 90]

表 3-5　准则 c_3 下的决策矩阵

θ_3	p_3^t	x_1	x_2	x_3
较好	0.1	[75, 80] ∪ [82, 86]	[75, 80] ∪ [82, 88]	[75, 82] ∪ [88, 92]
中等	0.5	[65, 72] ∪ [78, 83]	[72, 79] ∪ [80, 85]	[70, 80] ∪ [82, 88]
较差	0.4	[60, 68] ∪ [70, 75]	[70, 78] ∪ [79, 83]	[70, 76] ∪ [80, 85]

表 3-6　准则 c_4 下的决策矩阵

θ_4	p_4^t	x_1	x_2	x_3
较高	0.2	[15, 20] ∪ [22, 27]	[18, 22] ∪ [24, 30]	[17, 21] ∪ [23, 28]
高	0.3	[12, 18] ∪ [20, 25]	[18, 20] ∪ [21, 25]	[15, 20] ∪ [21, 23]
中等	0.4	[12, 15] ∪ [18, 23]	[15, 18] ∪ [20, 25]	[13, 19] ∪ [20, 23]
较低	0.1	[10, 15] ∪ [17, 20]	[12, 17] ∪ [20, 23]	[13, 15] ∪ [18, 20]

根据本节的研究方法，本实例决策过程如下：

步骤 1　规范化处理。

在本例中，项目盈利能力（c_1）、企业管理能力（c_2）和市场环境（c_3）是效益型准则，而科研技术风险（c_4）是成本型准则。根据公式（3-19）和（3-20）对决策矩阵进行规范化处理，处理后的决策矩阵如表 3-7 ~ 3-10 所示。

表 3-7   准则 c_1 下的规范化决策矩阵

θ_1	p_1^t	x_1	x_2	x_3
较弱	0.2	[0.647, 0.765] ∪ [0.824, 0.941]	[0.706, 0.824] ∪ [0.882, 1.000]	[0.729, 0.824] ∪ [0.882, 0.941]
较强	0.8	[0.729, 0.833] ∪ [0.885, 0.938]	[0.854, 0.917] ∪ [0.938, 0.990]	[0.885, 0.938] ∪ [0.969, 1.000]

表 3-8   准则 c_2 下的规范化决策矩阵

θ_2	p_2^t	x_1	x_2	x_3
中等	0.2	[0.764, 0.882]	[0.824, 1.000]	[0.882, 0.965]
较弱	0.3	[0.732, 0.854]	[0.927, 1.000]	[0.878, 0.976]
较强	0.5	[0.778, 0.889]	[0.922, 0.956]	[0.944, 1.000]

表 3-9   准则 c_3 下的规范化决策矩阵

θ_3	p_3^t	x_1	x_2	x_3
较好	0.1	[0.815, 0.870] ∪ [0.891, 0.935]	[0.815, 0.870] ∪ [0.891, 0.957]	[0.815, 0.891] ∪ [0.957, 1.000]
中等	0.5	[0.739, 0.818] ∪ [0.886, 0.943]	[0.818, 0.898] ∪ [0.909, 0.966]	[0.795, 0.909] ∪ [0.932, 1.000]
较差	0.4	[0.706, 0.800] ∪ [0.824, 0.882]	[0.824, 0.918] ∪ [0.929, 0.976]	[0.824, 0.894] ∪ [0.941, 1.000]

表 3-10   准则 c_4 下的规范化决策矩阵

θ_4	p_4^t	x_1	x_2	x_3
较高	0.2	[0.556, 0.628] ∪ [0.750, 1.000]	[0.500, 0.625] ∪ [0.682, 0.833]	[0.536, 0.652] ∪ [0.714, 0.882]
高	0.3	[0.480, 0.600] ∪ [0.667, 1.000]	[0.480, 0.571] ∪ [0.600, 0.667]	[0.522, 0.571] ∪ [0.600, 0.800]
中等	0.4	[0.522, 0.667] ∪ [0.800, 1.000]	[0.480, 0.600] ∪ [0.667, 0.800]	[0.522, 0.600] ∪ [0.632, 0.923]
较低	0.1	[0.500, 0.588] ∪ [0.667, 1.000]	[0.435, 0.500] ∪ [0.667, 0.833]	[0.500, 0.556] ∪ [0.667, 0.769]

步骤 2   计算期望值。

根据公式（3-21），计算每个方案的每个准则在各状态下的期望值，计算结果见表 3-11。

表 3-11   期望值灰色决策矩阵

C	x_1	x_2	x_3
c_1	[0.713, 0.819] ∪ [0.873, 0.939]	[0.824, 0.898] ∪ [0.927, 0.992]	[0.854, 0.915] ∪ [0.952, 0.988]
c_2	[0.761, 0.877]	[0.904, 0.978]	[0.912, 0.986]
c_3	[0.733, 0.816] ∪ [0.862, 0.918]	[0.820, 0.903] ∪ [0.915, 0.969]	[0.809, 0.901] ∪ [0.938, 1.000]
c_4	[0.514, 0.642] ∪ [0.737, 1.000]	[0.480, 0.586] ∪ [0.650, 0.770]	[0.523, 0.597] ∪ [0.642, 0.863]

步骤3 确定正理想解和负理想解。

根据公式（3-22）和（3-23）确定各准则的正负理想解。

正理想解为：

$$R^+ = (\otimes r_1^+, \otimes r_2^+, \otimes r_3^+, \otimes r_4^+)$$

$$= ([0.992, 0.992], [0.986, 0.986], [1.000, 1.000], [1.000, 1.000])$$

负理想解为：

$$R^- = (\otimes r_1^-, \otimes r_2^-, \otimes r_3^-, \otimes r_4^-)$$

$$= ([0.713, 0.713], [0.761, 0.761], [0.733, 0.733], [0.480, 0.480])$$

步骤4 确定最优准则权重。

利用公式（3-24），（3-25），通过计算得出权重求解优化模型：

$$\begin{cases} \max D(w) = 0.136w_1 + 0.260w_2 + 0.125w_3 + 0.214w_4 \\ \sum_{j=1}^{4} w_j = 1, \ w_j \geq 0, \ j \geq 1, \ 2, \ 3, \ 4 \\ 0.1 \leq w_1 \leq 0.3 \\ 0.3 \leq w_2 \leq 0.4 \\ 0.2 \leq w_3 \leq 0.3 \\ 0.2 \leq w_4 \leq 0.4 \end{cases}$$

通过求解，得出的准则权重信息为 $\boldsymbol{w}^* = (0.1, \ 0.4, \ 0.2, \ 0.3)$。

步骤5 计算各备选方案的 S_i、R_i 和 Q_i 值。

通过公式（3-27），（3-28）和（3-29），设折衷系数 $v = 0.5$，计算得到各备选方案的群体效用值 S_i、个体遗憾值 R_i 和折衷评价值 Q_i 值，结果见表3-12。

表3-12 各备选方案的 S_i、R_i 和 Q_i 值

	S_1	S_2	S_3	R_1	R_2	R_3	Q_1	Q_2	Q_3
$\lambda = 1$	0.524	0.204	0.160	0.297	0.080	0.066	1.000	0.091	0.000
$\lambda = 2$	0.564	0.252	0.227	0.314	0.104	0.093	1.000	0.062	0.000

续表

	S_1	S_2	S_3	R_1	R_2	R_3	Q_1	Q_2	Q_3
$\lambda=3$	0.602	0.285	0.267	0.329	0.116	0.104	1.000	0.054	0.000
$\lambda=4$	0.635	0.309	0.295	0.341	0.123	0.111	1.000	0.047	0.000
$\lambda=5$	0.662	0.328	0.316	0.350	0.127	0.115	1.000	0.043	0.000

从上表中数据可知，群体效用值 S_i 和个体遗憾值 R_i 随着参数 λ 值的增加而递增，而折衷评价值 Q_i 随着参数 λ 值的增加而递减。

步骤 6 根据 S_i、R_i 和 Q_i 值的大小进行排序。

根据 S_i、R_i 和 Q_i 值越小方案排序越靠前的原则对各备选方案进行排序，排序结果见表 3–13。

步骤 7 确定最佳折衷方案。

根据表 3–13 中排序结果，可知本例中方案的排序没有受到参数 λ 值的影响，不管 λ 取值为多少，方案排序结果都为 $x_3 > x_2 > x_1$，最佳折衷方案都为 x_3。但在其他实例中，排序结果有可能根据 λ 值的变化而发生改变。

表 3–13 根据 S_i、R_i 和 Q_i 值的排序结果

λ	根据 S_i 排序	根据 R_i 排序	根据 Q_i 排序
$\lambda=1$	$x_3 > x_2 > x_1$	$x_3 > x_2 > x_1$	$x_3 > x_2 > x_1$
$\lambda=2$	$x_3 > x_2 > x_1$	$x_3 > x_2 > x_1$	$x_3 > x_2 > x_1$
$\lambda=3$	$x_3 > x_2 > x_1$	$x_3 > x_2 > x_1$	$x_3 > x_2 > x_1$
$\lambda=4$	$x_3 > x_2 > x_1$	$x_3 > x_2 > x_1$	$x_3 > x_2 > x_1$
$\lambda=5$	$x_3 > x_2 > x_1$	$x_3 > x_2 > x_1$	$x_3 > x_2 > x_1$

3.3 基于期望效用和距离算子的灰色随机多准则决策方法

本节拟提出基于期望效用和距离算子的灰色随机多准则决策方法。

3.3.1 问题描述

设 $X=\{x_1, x_2, \cdots, x_n\}$ 为一组有限的方案集，$C=\{c_1, c_2, \cdots,$

c_m} 为准则集，且 $\boldsymbol{W}=(w_1, w_2, \cdots, w_m)$ 为准则的权重信息，满足 $w_j \in [0, 1]$ 和 $\sum\limits_{j=1}^{m} w_j=1$。由于决策环境存在不确定性，该决策问题面临多种可能的自然状态。假设准则 c_j 下的状态集为 $\boldsymbol{\Theta}_j=(\theta_1, \theta_2, \cdots, \theta_{l_j})$，第 t 种状态 θ_t 发生的概率为 p_t。方案 x_i 在准则 c_j 下的值为扩展灰数随机变量 $\otimes u_{ij}^t=\bigcup\limits_{k=1}^{l_{ij}} [d_{ijk}^t, b_{ijk}^t]$，满足 $d_{ij1}^t \leqslant b_{ij1}^t < d_{ij2}^t \leqslant b_{ij2}^t < \cdots < d_{ijl_{ij}}^t \leqslant b_{ijl_{ij}}^t$。从而可得灰色随机决策矩阵 $\boldsymbol{R}'=(\otimes u_{ij}^t)_{n \times m}$。然后，我们根据以上信息确定方案集排序或最佳方案。

3.3.2　基于期望效用和距离算子的灰色随机多准则决策步骤

上述问题的决策步骤如下所示。

步骤 1　规范化处理。

利用公式（3–19）和（3–20）对决策矩阵进行规范化处理，规范化后的矩阵表示为 $\boldsymbol{N}=(\otimes u_{ij}^{t'})_{n \times m}$，其中 $\otimes u_{ij}^{t'}=\bigcup\limits_{k=1}^{l_{ij}} [\underline{u}_{ijk}^{t'}, \overline{u}_{ijk}^{t'}]$。

步骤 2　计算期望值。

根据期望效用理论，计算每个方案的每个准则在各状态下的期望值，计算公式为：

$$E(\xi(\otimes r_{ij})) = \sum\limits_{t=1}^{l_j} p_t \times \otimes u_{ij}^{t'} \qquad (3–30)$$

从而，可以得到期望值灰色决策矩阵 $\boldsymbol{E}'=(\otimes r_{ij})_{n \times m}$，其中 $\otimes r_{ij}=\bigcup\limits_{k=1}^{l_{ij}} [\underline{r}_{ijk}, \overline{r}_{ijk}]$。

步骤 3　确定正理想解（PIS）。

对于期望值灰色决策矩阵，$\boldsymbol{R}^+=(\otimes r_1^+, \otimes r_2^+, \cdots, \otimes r_m^+)$ 为正理想解，$\otimes r_j^+=[\underline{r}_j^+, \overline{r}_j^+]$ 为每个准则下的理想解，其计算公式为：

$$\underline{r}_j^+=\overline{r}_j^+=\max\{\overline{r}_{ijk} | 1 \leqslant i \leqslant n, 1 \leqslant j \leqslant m, 1 \leqslant k \leqslant l_{ij}\} \qquad (3–31)$$

步骤 4　计算 $\otimes r_{ij}$ 到 $\otimes r_j^+$ 之间的距离。

根据本章第一节定义的扩展灰数广义距离公式可以计算得到$\otimes r_{ij}$到$\otimes r_j^+$之间的距离，具体计算公式如下：

$$d_{gd}\left(\otimes r_{ij}, \otimes r_j^+\right)$$

$$= \left(\frac{1}{2}\left(\frac{1}{2l_{ij}}\sum_{k=1}^{l_{ij}}\left(|\underline{r}_{ijk}-\underline{r}_j^+|^\lambda+|\overline{r}_{ijk}-\overline{r}_j^+|^\lambda\right)\right.\right.$$

$$\left.\left.+\frac{1}{2}\min_{k=1}^{l_{ij}}\left(|\underline{r}_j^+-\underline{r}_{ijk}|^\lambda+|\overline{r}_j^+-\overline{r}_{ijk}|^\lambda\right)\right)\right)^{1/\lambda} \quad (3-32)$$

步骤5　计算各备选方案的综合评价值。

使用 EGHOWAGD 算子，计算各备选方案的综合评价值，具体计算公式为：

$$x_i=EGHOWAGD\left(<\otimes r_{i1}, \otimes r_1^+>, <\otimes r_{i2}, \otimes r_2^+>, \cdots, <\otimes r_{im}, \otimes r_m^+>\right)$$

$$= \left(\sum_{k=1}^{n}\frac{\omega_k}{2}\left(w_j\left(\frac{1}{2l_{ij}}\sum_{k=1}^{l_{ij}}\left(|\underline{r}_{ijk}-\underline{r}_j^+|^\lambda+|\overline{r}_{ijk}-\overline{r}_j^+|^\lambda\right)\right.\right.\right.$$

$$\left.\left.\left.+\frac{1}{2}\min_{k=1}^{l_{ij}}\left(|\underline{r}_j^+-\underline{r}_{ijk}|^\lambda+|\overline{r}_j^+-\overline{r}_{ijk}|^\lambda\right)\right)^{\sigma(k)}\right)\right)^{1/\lambda} \quad (3-33)$$

其中，$\boldsymbol{\omega}=\left(\omega_1, \omega_2, \cdots, \omega_n\right)$可以通过一种模糊语言量化函数计算得到：

$$\omega_j=Q\left(j/n\right)-Q\left(\left(j-1\right)/n\right), \quad j=1, 2, \cdots, n$$

$$Q=\begin{cases}0 & r<a \\ \dfrac{r-a}{b-a} & a\leqslant r\leqslant b \\ 1 & r\geqslant b\end{cases}$$

这里，有三种模糊语义量化算子"Most""At least half"和"As many as possible"可供选择，其对应的参数值(a, b)分别为$(0.5, 1.0)$，$(0.0, 0.5)$和$(0.3, 0.8)$。

步骤6　对方案进行排序并选择最优方案。

通过以上步骤的计算可以得到所有备选方案的综合评价值，根据离理想解距离越近的方案越优的原则对备选方案的综合评价值进行排序，综合评价值越小的方案越优。

3.3.3　算例分析

本节拟采用 3.2.3 节中的算例应用本节所提出的方法进行分析，并假设准则 c_j 下的权重信息已知，即为 $W=(w_1, w_2, w_3, w_4)=(0.1, 0.4, 0.2, 0.3)$。

为了对医药科研项目进行排序并选择最优项目，下面给出基于期望效用和距离算子的灰色随机多准则决策方法的实施步骤。

步骤 1　规范化处理。

在本例中，项目盈利能力（c_1）、企业管理能力（c_2）和市场环境（c_3）是效益型准则，而科研技术风险（c_4）是成本型准则。根据公式（3-19）和（3-20）对决策矩阵进行规范化处理，处理后的决策矩阵如表 3-7 ~ 3-10 所示。

步骤 2　计算期望值。

根据公式（3-21），计算每个方案的每个准则在各状态下的期望值，计算结果见表 3-11。

步骤 3　确定正理想解（PIS）。

由公式（3-31）可知，正理想解为：

$$R^+=(\otimes r_1^+, \otimes r_2^+, \otimes r_3^+, \otimes r_4^+)$$

$$=([0.992, 0.992], [0.986, 0.986], [1.000, 1.000], [1.000, 1.000])$$

步骤 4　计算 $\otimes r_{ij}$ 到 $\otimes r_j^+$ 之间的距离。

根据公式（3-32），先假设 $\lambda=1$，计算得到 $\otimes r_{ij}$ 到 $\otimes r_j^+$ 之间的距离，结果见表 3-14。

表 3–14 $\otimes r_{ij}$ 与 $\otimes r_j^+$ 之间的距离

	c_1	c_2	c_3	c_4
x_1	0.121	0.167	0.139	0.204
x_2	0.057	0.045	0.078	0.334
x_3	0.043	0.037	0.060	0.296

步骤 5 计算各备选方案的综合评价值。

利用 EGHOWAGD 算子计算各备选方案的综合评价值。首先假设采用模糊语义量化算子 "As many as possible"，其对应的参数值（a, b）为（0.3，0.8），且计算得到的 EGHOWAGD 算子权重为 $\boldsymbol{\omega}$ =（0.0，0.4，0.5，0.1）。然后利用式（3–33）进行计算，所得各方案综合评价值如表 3–15 所示。

步骤 6 对方案进行排序并选择最优方案。

利用步骤 5 计算得到的各备选方案综合评价值，根据综合评价值越小方案越优的原则对方案进行排序，排序结果见表 3–15。从表中排序结果可知，不管参数 λ 取值为多少，方案 x_3 的综合评价值均为最小值，即最优方案为 x_3。

表 3–15 各备选方案综合评价值

	x_1	x_2	x_3	排序结果
λ =1	0.0396	0.0156	0.0123	$x_3 > x_2 > x_1$
λ =2	0.0448	0.0192	0.0175	$x_3 > x_2 > x_1$
λ =3	0.0475	0.0216	0.0204	$x_3 > x_2 > x_1$
λ =4	0.0512	0.0234	0.0225	$x_3 > x_2 > x_1$
λ =5	0.0519	0.0247	0.0239	$x_3 > x_2 > x_1$

本节针对准则值为扩展灰数、权重和状态信息已知的决策问题，提出了一种基于期望效用和距离算子的灰色随机多准则决策方法。利用 EGHOWAGD 算子对灰色随机变量进行集结时既考虑了每个扩展灰数评价值自身的重要性程度，又考虑了其与正理想解之间距离所在位

置的重要性程度。而且，EGHOWAGD 算子中距离位置权重由模糊语言量化函数计算得到，消除了主观等不公正因素的影响，提高了决策的合理性和科学性。

3.4 比较分析

和 VIKOR 一样，TOPSIS 也是一种经典的基于距离测度的多准则决策方法，为了证明本章所提出的基于距离的灰色随机多准则决策方法的有效性和可行性，本节拟应用文献[34]中基于扩展灰数 Hausdorff 距离和 TOPSIS 的灰色随机多准则决策方法解决 3.2.3 节中医药科研项目决策问题，并对距离测度和基于距离的决策方法进行比较分析。

基于扩展灰数 Hausdorff 距离和 TOPSIS 的灰色随机多准则决策具体步骤如下：

步骤 1 规范化处理。

在本例中，项目盈利能力（c_1）、企业管理能力（c_2）和市场环境（c_3）是效益型准则，而科研技术风险（c_4）是成本型准则。根据公式（3–19）和（3–20）对决策矩阵进行规范化处理，处理后的决策矩阵如表 3–7 ～ 3–10 所示。

步骤 2 计算期望值。

根据公式（3–21），计算每个方案的每个准则在各状态下的期望值，计算结果见表 3–11。

步骤 3 确定正理想解（PIS）和负理想解（NIS）。

由公式（3–31）可知，正理想解为：

$$R^+ = (\otimes r^+_1, \otimes r^+_2, \otimes r^+_3, \otimes r^+_4)$$

$$= ([0.992, 0.992], [0.986, 0.986], [1.000, 1.000], [1.000, 1.000])$$

负理想解为:

$$R^- = (\otimes r_1^-, \otimes r_2^-, \otimes r_3^-, \otimes r_4^-)$$

$$= ([0.713, 0.713], [0.761, 0.761], [0.733, 0.733], [0.480, 0.480])$$

步骤4 计算各方案到正负理想解之间的距离。

在文献[34]中,两个扩展灰数之间的相离程度采用扩展灰数 Hausdorff 距离来测度。各方案到正理想解之间的距离 D_i^+ 和到负理想解之间的距离 D_i^- 公式分别为 $D_i^+ = \sum_{j=1}^{m} w_j d_h(\otimes r_{ij}, \otimes r_j^+)$ 和 $D_i^- = \sum_{j=1}^{m} w_j d_h(\otimes r_{ij}, \otimes r_j^-)$。假设准则 c_j 下的权重信息为 $\boldsymbol{W} = (w_1, w_2, w_3, w_4) = (0.1, 0.4, 0.2, 0.3)$,根据公式(2-6)计算各备选方案到正负理想解之间的距离,结果见表3-16。

表3-16 各备选方案到正负理想解之间的距离

	D_1^+	D_2^+	D_3^+	D_1^-	D_2^-	D_3^-
$p=1$	0.522	0.398	0.373	0.381	0.415	0.460
$p=2$	0.379	0.293	0.276	0.293	0.300	0.337
$p=3$	0.345	0.267	0.252	0.274	0.272	0.309
$p=4$	0.332	0.256	0.241	0.268	0.261	0.298
$p=5$	0.325	0.251	0.236	0.265	0.256	0.293

步骤5 计算各备选方案相对贴近度 K_i 并排序。

根据文献[34]中相对贴近度的计算公式,计算求得各备选方案的相对贴近度 K_i,见表3-17。由表中数据可知,不论范数 p 取值为多少,方案 x_3 的相对贴近度均为最小值,因此,本算例中最佳方案为 x_3。由此可知,应用基于扩展灰数 Hausdorff 距离和 TOPSIS 的灰色随机多准则决策方法求解 3.2.3 节中实例时,其结果与本章所提出的两种基于期望效用和距离测度的灰色随机多准则决策方法得到的排序结果是一致的,这也说明了本章所提出方法的有效性和可行性。

表 3-17 各备选方案的相对贴近度

	K_1	K_2	K_3	排序结果
$p=1$	0.578	0.489	0.448	$x_3 > x_2 > x_1$
$p=2$	0.564	0.494	0.450	$x_3 > x_2 > x_1$
$p=3$	0.557	0.495	0.449	$x_3 > x_2 > x_1$
$p=4$	0.554	0.496	0.447	$x_3 > x_2 > x_1$
$p=5$	0.551	0.495	0.446	$x_3 > x_2 > x_1$

虽然在计算同一个实例时，三种方法得到的排序结果和最优方案均相同，但是这几种方法的基本思想存在着差异。

首先，扩展灰数 Hausdorff 距离考虑的是两个扩展灰数之间双向距离的最大值，忽略了扩展灰数不同元素之间距离的相对较小值，因而有可能会出现信息失真等后果。而本章所提出的扩展灰数广义距离将两个扩展灰数所有元素之间的距离都考虑在内，相对而言能更好地测度扩展灰数之间的相离程度。

其次，TOPSIS 方法根据最优方案应该距离正理想解最近而距离负理想解最远的原则对各备选方案进行排序，然而却并没有考虑各备选方案里正负理想解之间距离的相对重要性。VIKOR 方法通过比较各备选方案与正负理想解之间的距离计算群体效用值、个体遗憾值和折衷值，再根据群体效用最大化和个体遗憾最小化的原则对各备选方案进行排序。距离算子则是将距离测度和有序加权算子的优点相结合，综合考虑了扩展灰数评价值自身的重要程度和与正理想解之间距离所在位置的重要程度。

3.5 本章小结

本章定义了扩展灰数的广义距离公式，并在此基础上提出了两种方法：基于期望效用和拓展 VIKOR 的决策方法与基于期望效用和距离算子的决策方法。在基于期望效用和拓展 VIKOR 的灰色随机多准则决策方法中，设计了基于扩展灰数距离的优化模型求解不完全确定的权重信息，然后利用 VIKOR 方法的原理对各备选方案进行排序并得出最佳折衷解。在基于期望效用和距离算子的灰色随机多准则决策方法中，定义了两种扩展灰数有序加权平均距离算子，即扩展灰数有序加权平均广义距离算子和扩展灰数混合有序加权平均广义距离算子，然后通过距离算子对各方案各准则下的评价信息进行集结，该方法结合了距离测度和集结算子的优点，最后的实例分析证明了方法的有效性。为了方便比较，本章还将所提出的两种方法与基于扩展灰数 Hausdorff 距离和 TOPSIS 的灰色随机多准则决策方法进行了比较分析，三种方法原理不同，应根据不同情况对决策方法进行选择。

4　基于随机优势的灰色随机多准则决策方法

从上一章的讨论中可以看出，采用基于期望效用的方法的前提是具有效用函数的完全信息，所得到的是各方案的完全序。然而在实际决策时，决策者往往难以确定足够准确的效用函数，而只能得到部分效用函数信息，因此只能得到各可行方案排成的偏序。随机优势（Stochastic Dominance，SD）决策规则就是利用获得的部分信息形成偏序的一种决策规则，其特点是避免了效用函数的设定，决策时仅需要获取效用函数的部分信息（如单调性）。

1994 年，Martel 和 Zaras[58～60]将随机优势用于多准则决策问题，随后，涌现了大量相关决策方法。该类方法先根据随机优势准则判断各准则下各备选方案之间的随机优势关系，然后结合粗糙集方法、优序关系方法或交互式方法对方案进行排序。现在，随机优势法已广泛应用到财政、金融和经济等多个领域[60, 122]。

基于以上分析，本章内容安排如下：第一节根据随机优势准则提出扩展灰数随机优势关系和扩展灰数随机优势度；第二节将扩展灰数随机优势和 PROMETHEE Ⅱ 方法相结合对灰色随机多准则决策问题进行处理并给出实例分析；第三节提出基于随机优势和 ELECTRE 的灰色随机多准则决策方法并给出实例分析；第四节将本章所提出的方法和现有基于随机优势的随机多准则决策方法进行对比分析；第五节对本章内容进行小结。

4.1　扩展灰数随机优势关系

随机优势理论是解决经济和金融问题的较好工具，相较于根据随机变量均值来衡量准则评价值大小的方法，基于随机优势关系的方法能更好地区分均值差异较小而累积分布函数相差较大的随机变量。

4.1.1　扩展灰数随机优势准则

在已有的基于随机优势的多准则决策方法中，准则值一般表现为随机变量、清晰数和区间数等信息形式[65]，目前还未见到准则值为扩展灰数随机变量形式的相关多准则决策方法。为了方便运用随机优势准则，首先需要将扩展灰数随机变量转化为带有累积分布函数的形式。

设 $\otimes x = \bigcup\limits_{i=1} [a_i, b_i]$ 为扩展灰数随机变量，下面将分三种情况介绍扩展灰数随机变量的累积分布函数形式：

（1）扩展灰数随机变量在多个区间 $\bigcup\limits_{i=1}^{n} [a_i, b_i]$ 上随机取值，若其在第 i 个区间概率密度函数为 $f_i(\otimes x)$，则此扩展灰数随机变量的累积分布函数可以表示为：

$$F_i(\otimes x) = \sum_{i=1}^{n} \left(\frac{l_i}{\sum\limits_{i=1}^{n} l_i} \right) \int_{a_i}^{b_i} f_i(\otimes x) \, \mathrm{d}(\otimes x) \qquad (4-1)$$

其中，$l_i=b_i-a_i$ 为区间灰数 $[a_i, b_i]$ 的长度。

扩展灰数随机变量在取值范围内若服从均匀分布，则其概率密度函数为：

$$f_i(\otimes x) = \frac{\otimes x - a_i}{b_i - a_i} \tag{4-2}$$

若服从正态分布，则其概率密度函数为：

$$f_i(\otimes x) = \frac{1}{\sqrt{2\pi}\sigma_i} \exp[-(\otimes x - \mu_i)^2/2\sigma_i^2] \tag{4-3}$$

其中，$\mu_i=\dfrac{a_i+b_i}{2}$，$\sigma_i=\dfrac{b_i-a_i}{6}$。

（2）扩展灰数随机变量在多个清晰数 $\bigcup\limits_{i=1}^{j} a_i$ 上随机取值，则此扩展灰数随机变量的累积分布函数可以表示为：

$$F(\otimes x) = \sum_{i=1}^{n}\left(\frac{i}{n}\right) \tag{4-4}$$

（3）扩展灰数随机变量在多个清晰数 $\bigcup\limits_{i=1}^{j} a_i$ 和多个区间 $\bigcup\limits_{i=j+1}^{n} [a_i, b_i]$ 上随机取值，则此扩展灰数随机变量的累积分布函数可以表示为：

$$F(\otimes x) = \frac{i}{\sum\limits_{i=1}^{j}(l_i+1)} + \sum_{i=j+1}^{n}\left(\frac{l_i+1}{\sum\limits_{i=1}^{n}(l_i+1)}\right)\int_{a_i}^{b_i} f_i(\otimes x)\,d(\otimes x) \tag{4-5}$$

其中，$l_i=b_i-a_i$ 为区间灰数 $[a_i, b_i]$ 的长度，当扩展灰数取值为清晰数时，$l_i=a_i-a_i=0$。

扩展灰数随机变量转换为累积分布函数形式以后，可以定义扩展灰数随机优势准则。

定义 4-1 设 $\otimes x = \bigcup\limits_{i=1}^{n} [a_i, b_i]$ 和 $\otimes y = \bigcup\limits_{i=1}^{m} [c_i, d_i]$ 为两个扩展灰数随机变量，$F(\cdot)$ 和 $G(\cdot)$ 分别为 $\otimes x$ 和 $\otimes y$ 的累积分布函数，则扩展灰数随机优势准则为：

（1）一阶随机占优（FSD）：当且仅当 $F(\otimes x) \neq G(\otimes x)$，且 $H_1(\otimes x) = F(\otimes x) - G(\otimes x) \leq 0$，$\forall \otimes x \in [e, f]$，则称 $F(\otimes x)$ 一阶随机占优于 $G(\otimes x)$，记为 $F(\otimes x) FSDG(\otimes x)$ 或 $F(\otimes x) SD_1 G(\otimes x)$；

（2）二阶随机占优（SSD）：当且仅当 $F(\otimes x) \neq G(\otimes x)$，且 $H_2(\otimes x) = \int_e^{\otimes x} H_1(y) \, dy \leq 0$，$\forall \otimes x \in [e, f]$，则称 $F(\otimes x)$ 二阶随机占优于 $G(\otimes x)$，记为 $F(\otimes x) FSDG(\otimes x)$ 或 $F(\otimes x) SD_2 G(\otimes x)$；

（3）三阶随机占优（TSD）：当且仅当 $F(\otimes x) \neq G(\otimes x)$，且 $H_3(\otimes x) = \int_e^{\otimes x} H_2(y) \, dy \leq 0$，$\forall \otimes x \in [e, f]$，则称 $F(\otimes x)$ 三阶随机占优于 $G(\otimes x)$，记为 $F(\otimes x) TSDG(\otimes x)$ 或 $F(\otimes x) SD_3 G(\otimes x)$。

其中，$e = \min\{a_1, c_1\}$，$f = \max\{b_n, d_m\}$。

性质 4-1 根据上述扩展灰数随机优势准则，可知其有如下性质：

（1）如果 $F(\otimes x)$ 一阶随机占优于 $G(\otimes x)$，则 $F(\otimes x)$ 二阶随机占优于 $G(\otimes x)$；如果 $F(\otimes x)$ 二阶随机占优于 $G(\otimes x)$，则 $F(\otimes x)$ 三阶随机占优于 $G(\otimes x)$。

（2）如果 $F(\otimes x) SD_h G(\otimes x)$（$h=1, 2, 3$），则不存在 $G(\otimes x) SD_h F(\otimes x)$。

（3）令 $F(\otimes x)$，$G(\otimes x)$ 和 $H(\otimes x)$ 分别为扩展灰数随机变量 $\otimes x$，$\otimes y$ 和 $\otimes z$ 的累积概率分布函数，如果 $F(\otimes x) SD_h G(\otimes x)$ 且 $G(\otimes x) SD_g H(\otimes x)$，则 $F(\otimes x) SD_l H(\otimes x)$，其中，$h, g \in 1, 2, 3$，$l = \max\{h, g\}$。

4.1.2　扩展灰数随机优势度

在运用扩展灰数随机优势准则对不同扩展灰数随机变量进行随机优势判断时，有可能存在一些问题，即并非所有扩展灰数随机变量之间均可以通过判断得到随机优势关系，而且，两个扩展灰数随机变量之间随机优势关系的强弱程度是未知的。因此，有必要根据随机优势度的概念给出扩展灰数随机优势度的定义和相关性质。

定义 4-2 如果 $F(\otimes x) SD_h G(\otimes x)$（$h=1$, 2, 3），则 $F(\otimes x)$ $SD_h G(\otimes x)$ 的随机优势度 $\Psi(F(\otimes x) SD_h G(\otimes x))$ 定义如下：

$$\Psi(F(\otimes x) SD_1 G(\otimes x)) = \frac{-\int_e^f [F(\otimes x) SD_h G(\otimes x)] \mathrm{d}(\otimes x)}{\int_e^f G(\otimes x) \mathrm{d}(\otimes x)} \quad (4-6)$$

$$\Psi(F(\otimes x) SD_2 G(\otimes x)) = \frac{-\int_e^f \int_e^{\otimes x} H_1(t) \mathrm{d}t \mathrm{d}(\otimes x)}{\int_e^f \int_e^{\otimes x} G(t) \mathrm{d}t \mathrm{d}(\otimes x)} \quad (4-7)$$

$$\Psi(F(\otimes x) SD_3 G(\otimes x)) = \frac{-\int_e^f \int_e^{\otimes x} \int_e^t H_3(z) \mathrm{d}z \mathrm{d}t \mathrm{d}(\otimes x)}{\int_e^f \int_e^{\otimes x} \int_e^t G(z) \mathrm{d}z \mathrm{d}t \mathrm{d}(\otimes x)} \quad (4-8)$$

性质 4-2 $0 \leqslant \Psi(F(\otimes x) SD_h G(\otimes x)) \leqslant 1$。

需要注意的是，在计算扩展灰数随机优势度时必须要先判断两个扩展灰数随机变量之间的随机优势关系。当两者之间存在随机优势关系时，随机优势度值才有效，若两者之间不存在随机优势关系，则计算得出的随机优势度没有任何意义。

例 4-1 设 $\otimes x_1$=[4，6] ∪ [7，9]，$\otimes x_2$=[2，5] ∪ [6，7] 为两个扩展灰数随机变量，$F(\otimes x)$ 和 $G(\otimes x)$ 分别为 $\otimes x_1$ 和 $\otimes x_2$ 的累积分布函数。首先，判断 $\otimes x_1$ 和 $\otimes x_2$ 的随机优势关系，根据定义 4-1 可知 $F(\otimes x) SD_1 G(\otimes x)$。然后，根据公式（4-6）计算 $F(\otimes x) SD_1 G(\otimes x)$ 的随机优势度，计算结果为 $\Psi(F(\otimes x) SD_1 G(\otimes x))$ =0.429。

4.2 基于随机优势和 PROMETHEE II 的灰色随机多准则决策方法

PROMETHEE II 是优序关系的典型代表之一，其利用优序关系对备选方案进行排序，避免了信息的偏离，因此有较强的客观性和科学性。本节拟在 4.1 节定义的扩展灰数随机优势关系的基础上，提出基于随机优势和 PROMETHEE Ⅱ 的灰色随机多准则决策方法。

4.2.1　问题描述

设 $X=\{x_1,\ x_2,\ \cdots,\ x_n\}$ 为一个有限的方案集，$C=\{c_1,\ c_2,\ \cdots,\ c_m\}$ 为准则集，准则权重信息为 $\boldsymbol{W}=(w_1,\ w_2,\ \cdots,\ w_m)$，表示准则 $c_j(j=1,\ 2,\ 3,\ \cdots,\ m)$ 的重要程度或决策者对准则 c_j 的偏好程度，满足 $\sum_{j=1}^{m}w_j=1$，$w_j \geqslant 0$。若方案 x_i 在准则 c_j 下的评价值为扩展灰数 $\otimes x=\bigcup_{k=1}^{l_{ij}}[a_{ijk},\ b_{ijk}]$，并且满足 $a_{ij1} \leqslant b_{ij1} < a_{ij2} \leqslant b_{ij2} < \cdots\cdots < a_{ijl_{ij}} \leqslant b_{ijl_{ij}}$，则决策矩阵为 $\boldsymbol{R}=(\otimes u_{ij})_{n \times m}$。试根据决策矩阵和权重信息选择最优方案或者给出方案的排序。

4.2.2　基于随机优势和 PROMETHEE Ⅱ 的灰色随机多准则决策步骤

针对上述决策问题，本节拟将随机优势和 PROMETHEE Ⅱ 相结合，先对各准则下两两方案之间进行随机优势判断并计算扩展灰数随机优势度，然后根据准则权重对各准则的随机优势度进行集结，得到每个方案对的总体随机优势度并据此计算出流、入流和净流，最后对方案进行排序。方法的具体实施步骤如下：

步骤 1　判断各准则下两两方案之间的扩展灰数随机优势关系。

首先，将扩展灰数随机变量转换成带有累积分布函数的随机型信息形式。

然后，根据扩展灰数随机优势准则，判断准则 c_j 下方案 x_i 和 x_l 之间的随机优势关系。设扩展灰数随机变量 $\otimes u_{ij}$ 和 $\otimes u_{li}$ 的累积分布函数为 $F_{ij}(\otimes$

u）和 G_{ij}（$\otimes u$），Ω 为$\otimes u_{ij}$ 和$\otimes u_{lj}$ 的取值范围，则：①若 F_{ij}（$\otimes u$）$\neq G_{lj}$（$\otimes u$），且 H_1（$\otimes u$）$=F_{ij}$（$\otimes u$）$-G_{lj}$（$\otimes u$）$\leqslant 0$，则称 F_{ij}（$\otimes u$）一阶随机占优于 G_{lj}（$\otimes u$），记为 F_{ij}（$\otimes u$）$FSDG_{lj}$（$\otimes u$）或 F_{ij}（$\otimes u$）SD_1G_{lj}（$\otimes u$）；②若 F_{ij}（$\otimes u$）$\neq G_{lj}$（$\otimes u$），且 H_2（$\otimes u$）$=\int_\Omega H_1$（y）$\mathrm{d}y \leqslant 0$，则称 F_{ij}（$\otimes u$）二阶随机占优于 G_{lj}（$\otimes u$），记为 F_{ij}（$\otimes u$）$SSDG_{lj}$（$\otimes u$）或 F_{ij}（$\otimes u$）SD_2G_{lj}（$\otimes u$）；③若 F_{ij}（$\otimes u$）$\neq G_{lj}$（$\otimes u$），且 H_3（$\otimes u$）$=\int_\Omega H_2$（y）$\mathrm{d}y \leqslant 0$，则称 F_{ij}（$\otimes u$）三阶随机占优于 G_{lj}（$\otimes u$），记为 F_{ij}（$\otimes u$）$TSDG_{lj}$（$\otimes u$）或 F_{ij}（$\otimes u$）SD_3G_{lj}（$\otimes u$）。

最后，对准则 c_j 下两两方案之间进行随机优势判断后可以得到随机优势关系矩阵 $\boldsymbol{R}_j=$（$\otimes u_{ilj}$）$_{n \times m}$，其中，

$$\otimes u_{ilj}=\begin{cases} SD_h, & \text{如果 } F_{ij}（\otimes u）SD_hG_{lj}（\otimes u），h=1，2，3 \\ \phi， & \text{其他} \end{cases} \qquad （4-9）$$

这里，ϕ 表示两者之间不存在随机优势关系。

步骤 2　计算扩展灰数随机优势度。

首先，基于上一步骤得到的随机优势关系矩阵，通过利用扩展灰数随机优势度的定义，可以计算得到准则 c_j 下两两方案之间随机优势度 d_{ilj}，其计算式为：

$$d_{ilj}=\begin{cases} \psi（F_{ij}（\otimes u）SD_hG_{lj}（\otimes u）），& \text{如果}\otimes u_{ijl}=SD_h，h=1，2，3 \\ \phi， & \text{其他} \end{cases} \qquad （4-10）$$

以上随机优势度 d_{ilj} 可以形成随机优势度矩阵 $\boldsymbol{D}_j=$（d_{ilj}）$_{m \times m}$。

然后，结合准则权重信息，可以将每个准则下的方案随机优势度进行集结，得到两两方案之间的总体随机优势度：

$$q_{ilj}=\sum_{j=1}^{m} w_j d_{ilj} \qquad （4-11）$$

在计算时，假设两两方案间不存在随机优势关系时随机优势度等

于零，即 $d_{ilj}=\phi$ 当 $d_{ilj}=0$ 时。

步骤3　计算每个方案的出流、入流和净流。

这里，本步骤拟将随机优势关系和 PROMETHEE Ⅱ 方法相结合对方案进行排序。假设出流 $\Phi^{+}(x_i)$ 表示 x_i 优于其他所有方案的程度，入流 $\Phi^{-}(x_i)$ 表示其他所有方案优于方案 x_i 的程度。根据总体随机优势度，出流 $\Phi^{+}(x_i)$ 和入流 $\Phi^{-}(x_i)$ 的计算公式如下：

$$\Phi^{+}(x_i) = \sum_{l=1,\ l \neq i}^{m} q_{il} \qquad (4\text{-}12)$$

$$\Phi^{-}(x_i) = \sum_{l=1,\ l \neq i}^{m} q_{il} \qquad (4\text{-}13)$$

在此基础上，定义净流：

$$\Phi(x_i) = \Phi^{+}(x_i) - \Phi^{-}(x_i) \qquad (4\text{-}14)$$

步骤4　对方案进行排序并选择最优方案。

根据计算所得净流值的大小对方案进行排序并选择出最优方案，净流值越大，则方案越优。

4.2.3　算例分析

本节拟改编文献[65]中的算例来介绍基于随机优势和 PROMETHEE Ⅱ 的灰色随机多准则决策方法。

考虑如下项目选择问题：有 5 个备选项目 $X=\{x_1,\ x_2,\ x_3,\ x_4,\ x_5\}$，3 个评价准则 $C=\{c_1,\ c_2,\ c_3\}$，其中，c_1 表示人力资源需求（单位：人数）；c_2 表示成功可能性；c_3 表示预期收益（单位：万元），各准则的权重信息为 $W=(1/3,\ 1/3,\ 1/3)$。为了从备选项目中选出最优者，若干决策者从三个维度（准则）对项目进行了评价，由于决策者的评价意见不一定保持一致，因此考虑用扩展灰数表示评价准则值，将所有决策者的评价信息包含在内。灰色随机决策矩阵为 $\boldsymbol{R} = (\otimes u_{ij})_{5 \times 3}$，如表 4-1 所示。根据以上信息，请对这 5 个备选项目进行排序。

表 4-1 灰色随机决策矩阵

	c_1	c_2	c_3
x_1	{4，5}	{0.75，0.80} ∪ {0.85，0.90}	{4，7} ∪ {8，9}
x_2	{2，3，4}	{0.70，0.75} ∪ {0.80，0.88}	{3，8} ∪ {9，10}
x_3	{6，7}	{0.70，0.78} ∪ {0.85，0.88}	{7，8} ∪ {9，10}
x_4	{3，4}	{0.65，0.70} ∪ {0.75，0.80}	{5，8} ∪ {10，11}
x_5	{5，6}	{0.70，0.75} ∪ {0.78，0.82}	{6，9} ∪ {11，12}

采用本节所提出的方法，本实例决策过程如下：

步骤 1 判断各准则下两两项目之间的扩展灰数随机优势关系。

在本例中，三个不同准则的评价值属于不同的扩展灰数类型，先将其转换成带有累积分布函数的随机型信息形式。假设扩展灰数 $\otimes u_{ij}$ 和 $\otimes u_{lj}$ 的累积分布函数分别为 $F_{ij}(\otimes u)$ 和 $G_{lj}(\otimes u)$，且在取值范围内服从均匀分布。

然后，判断准则 c_l 下项目 x_i 和 x_l 之间的随机优势关系。比如在准则 c_1 下项目 x_1 和 x_2 之间的随机优势关系是 $F_{11}(\otimes u) FSDG_{21}(\otimes u)$；在准则 c_2 下项目 x_1 和 x_3 之间的随机优势关系是 $F_{12}(\otimes u) FSDG_{32}(\otimes u)$；在准则 c_3 下项目 x_1 和 x_4 之间的随机优势关系是 ϕ。

最后，根据判断结果得到随机优势关系矩阵，结果见表 4-2 ~ 4-4。

表 4-2 准则 c_1 下两两项目之间的随机优势关系

	x_1	x_2	x_3	x_4	x_5
x_1	ϕ	FSD	ϕ	FSD	ϕ
x_2	ϕ	ϕ	ϕ	ϕ	ϕ
x_3	FSD	FSD	ϕ	FSD	FSD
x_4	ϕ	FSD	ϕ	ϕ	ϕ
x_5	FSD	FSD	ϕ	FSD	ϕ

表4-3　准则 c_2 下两两项目之间的随机优势关系

	x_1	x_2	x_3	x_4	x_5
x_1	ϕ	SSD	FSD	FSD	FSD
x_2	ϕ	ϕ	ϕ	FSD	FSD
x_3	ϕ	SSD	ϕ	FSD	FSD
x_4	ϕ	ϕ	ϕ	ϕ	ϕ
x_5	ϕ	ϕ	ϕ	FSD	ϕ

表4-4　准则 c_3 下两两项目之间的随机优势关系

	x_1	x_2	x_3	x_4	x_5
x_1	ϕ	SSD	ϕ	ϕ	ϕ
x_2	ϕ	ϕ	ϕ	ϕ	ϕ
x_3	FSD	FSD	ϕ	SSD	SSD
x_4	FSD	FSD	ϕ	ϕ	ϕ
x_5	FSD	FSD	ϕ	FSD	ϕ

步骤2　计算扩展灰数随机优势度。

首先，利用公式（4-10），计算得到准则 c_j 下两两项目之间的随机优势度 d_{ilj}，结果见表4-5～4-7。

表4-5　准则 c_1 下两两项目之间的随机优势度

	x_1	x_2	x_3	x_4	x_5
x_1	0	0.500	0	0.400	0
x_2	0	0	0	0	0
x_3	0.571	0.700	0	0.667	0.400
x_4	0	0.250	0	0	0
x_5	0.250	0.625	0	0.571	0

表4-6　准则 c_2 下两两项目之间的随机优势度

	x_1	x_2	x_3	x_4	x_5
x_1	0	0.331	0.174	0.431	0.338
x_2	0	0	0	0.279	0.104
x_3	0	0.283	0	0.409	0.347
x_4	0	0	0	0	0
x_5	0	0	0	0.339	0

表 4-7 准则 c_3 下两两项目之间的随机优势度

	x_1	x_2	x_3	x_4	x_5
x_1	0	0.093	0	0	0
x_2	0	0	0	0	0
x_3	0.529	0.539	0	0.449	0.106
x_4	0.238	0.250	0	0	0
x_5	0.360	0.368	0	0.200	0

然后，结合各准则的权重信息，计算得到两两方案之间的总体随机优势度，结果见表 4-8。

表 4-8 两两项目之间的总体随机优势度

	x_1	x_2	x_3	x_4	x_5
x_1	0	0.308	0	0.227	0.113
x_2	0	0	0	0.093	0.035
x_3	0.367	0.507	0	0.508	0.284
x_4	0.079	0.167	0	0	0
x_5	0.203	0.331	0	0.370	0

步骤 3 计算每个项目的出流、入流和净流。

根据公式（4-12）、（4-13）和（4-14），计算得到每个项目的出流、入流和净流。

$\Phi^+(x_1)=0.756$，$\Phi^+(x_2)=0.128$，$\Phi^+(x_3)=1.666$，$\Phi^+(x_4)=0.246$，$\Phi^+(x_5)=0.904$；

$\Phi^-(x_1)=0.649$，$\Phi^-(x_2)=1.313$，$\Phi^-(x_3)=0.058$，$\Phi^-(x_4)=1.248$，$\Phi^-(x_5)=0.432$；

$\Phi(x_1)=0.107$，$\Phi(x_2)=-1.185$，$\Phi(x_3)=1.608$，$\Phi(x_4)=-1.002$，$\Phi(x_5)=0.472$。

步骤 4 对项目进行排序并选择最优方案。

由以上计算结果可知，项目 3 净流值最大，为 1.608。项目 2 净流值最小，为 -1.185。根据每个项目净流的大小对方案进行排序 $x_3 > x_5 >$

$x_1 > x_4 > x_2$，可知。因此，最佳项目为 x_3。

本节提出了一种基于随机优势和 PROMETHEE Ⅱ 的方法处理准则评价信息为扩展灰数随机变量的决策问题。该方法首先将扩展灰数随机变量转换成带有累积分布函数的随机信息形式，然后判断各准则下两两方案间的随机优势关系并计算随机优势度，再结合 PROMETHEE Ⅱ 方法计算每个方案的出流、入流和净流并据此对方案进行排序。该方法容易理解、计算量小，而且扩展灰数随机优势度的提出解决了某些方案无法进行随机优势判断的问题。

4.3　基于随机优势和 ELECTRE Ⅲ 的灰色随机多准则决策方法

ELECTRE 方法也是优序关系的典型代表，本节拟将其和扩展灰数随机优势相结合，提出基于随机优势和 ELECTRE Ⅲ 的灰色随机多准则决策方法。

4.3.1　问题描述

设 $X=\{x_1, x_2, \cdots, x_n\}$ 为备选方案集，$C=\{c_1, c_2, \cdots, c_m\}$ 为准则集合，各准则加性独立且权重信息为 $\boldsymbol{W}=\{w_1, w_2, \cdots, w_m\}$，满足 $\sum_{j=1}^{m} w_j=1$ 且 $w_j \geqslant 0$。方案 x_i 在准则 c_j 下的评价值为扩展灰数 $\otimes u_{ij}=\bigcup_{k=1}^{l_{ij}}[a_{ijk}, b_{ijk}]$，并且满足 $a_{ij1} \leqslant b_{ij1} < a_{ij2} \leqslant b_{ij2} < \cdots < a_{ijl_{ij}} \leqslant b_{ijl_{ij}}$，决策矩阵为 $\boldsymbol{R}=(\otimes u_{ij})_{n \times m}$。本节需要解决的问题是根据决策者给出的扩展灰数评价信息和准则权重信息对所有备选方案进行排序。

4.3.2　基于随机优势和 ELECTRE Ⅲ 的灰色随机多准则决策步骤

针对上述问题，本节拟将随机优势和 ELECTRE Ⅲ 相结合，先对各准则下两两方案之间进行随机优势判断并计算扩展灰数随机优势度，然后通过扩展灰数随机优势度判断各准则下各方案之间的优序关系，计算得出和谐性指数、不和谐性指数、可信度指数、相对可信度指数和排序指数，并对方案进行排序。

方法的具体实施步骤如下：

步骤 1　判断各准则下两两方案之间的扩展灰数随机优势关系。

首先，将扩展灰数随机变量转换成带有累积分布函数的随机型信息形式。

然后，根据扩展灰数随机优势准则，判断准则 c_j 下方案 x_i 和 x_l 之间的随机优势关系。设扩展灰数随机变量 $\otimes u_{ij}$ 和 $\otimes u_{lj}$ 的累积分布函数为 $F_{ij}(\otimes u)$ 和 $G_{ij}(\otimes u)$ ，Ω 为 $\otimes u_{ij}$ 和 $\otimes u_{lj}$ 的取值范围，则：①若 $F_{ij}(\otimes u) \neq G_{lj}(\otimes u)$ ，且 $H_1(\otimes u)=F_{ij}(\otimes u)-G_{lj}(\otimes u) \leqslant 0$ ，则称 $F_{ij}(\otimes u)$ 一阶随机占优于 $G_{lj}(\otimes u)$ ，记为 $F_{ij}(\otimes u) FDSG_{lj}(\otimes u)$ 或 $F_{ij}(\otimes u) SD_1 G_{lj}(\otimes u)$ ；②若 $F_{ij}(\otimes u) \neq G_{lj}(\otimes u)$ ，且 $H_2(\otimes u) = \int_\Omega H_1(y) dy \leqslant 0$ ，则称 $F_{ij}(\otimes u)$ 二阶随机占优于 $G_{lj}(\otimes u)$ ，记为 $F_{ij}(\otimes u) SSDG_{lj}(\otimes u)$ 或 $F_{ij}(\otimes u) SD_2 G_{lj}(\otimes u)$ ；③若 $F_{ij}(\otimes u) \neq G_{lj}(\otimes u)$ ，且 $H_3(\otimes u) = \int_\Omega H_2(y) dy \leqslant 0$ ，则称 $F_{ij}(\otimes u)$ 三阶随机占优于 $G_{lj}(\otimes u)$ ，记为 $F_{ij}(\otimes u) TSDG_{lj}(\otimes u)$ 或 $F_{ij}(\otimes u) SD_3 G_{lj}(\otimes u)$

最后，对准则 c_j 下两两方案之间进行随机优势判断后可以得到随机优势关系矩阵 $\boldsymbol{R}_j=(\otimes u_{ilj})_{m \times m}$。

步骤 2　计算扩展灰数随机优势度。

首先，基于上一步骤得到的随机优势关系矩阵，通过利用扩展灰数随机优势度的定义，可以计算得到准则 c_j 下两两方案之间随机优势度 d_{ilj}。然后，结合准则权重信息，可以将每个准则下的方案随机优势度进行集结，得到两两方案之间的总体随机优势度，其计算公式见（4-10）和（4-11）。

步骤3　计算准则 c_j 下各方案对（x_i，x_l）（i，l=1，2，…，n）的和谐性指数和不和谐性指数。

在经典的 ELECTRE Ⅲ 方法中，方案之间的优序关系直接根据方案评价值的大小进行判断，本步骤拟将 ELECTRE Ⅲ 方法进行拓展，通过随机优势度来判断方案之间的优序关系。

首先，判断准则 c_j 下各方案对（x_i，x_l）（i，l=1，2，…，n）的优序关系。设 p_j 和 v_j 分别为准则 c_j（j=1，2，…，m）下的偏好阈值和否决阈值，满足 $0 \leqslant p_j \leqslant v_j$。则对于 $\otimes u_{ij}$ 和 $\otimes u_{lj}$（l=1，2，…，n），可以定义两者之间的优序关系：

（1）若 $F_{ij}(\otimes u)\, SD_h G_{lj}(\otimes u)$，且 $d_{ij} \geqslant p_j$，则 $\otimes u_{ij}$ 强优于 $\otimes u_{lj}$；

（2）若 $F_{ij}(\otimes u)\, SD_h G_{lj}(\otimes u)$，且 $0 < d_{ij} < p_j$，则 $\otimes u_{ij}$ 弱占优于 $\otimes u_{lj}$；

（3）若不存在 $F_{ij}(\otimes u)\, SD_h G_{lj}(\otimes u)$ 或者 $G_{lj}(\otimes u)\, SD_h F_{ij}(\otimes u)$，则 $\otimes u_{ij}$ 无差异于 $\otimes u_{lj}$。

然后，根据以上优序关系计算和谐性指数和不和谐性指数。准则 c_j 下方案对（x_i，x_l）（i，l=1，2，…，n）的和谐性指数计算公式为：

$$C_j(\otimes u_{ij}, \otimes u_{lj}) = \begin{cases} 0, & \text{其他} \\ 1, & F_{ij}(\otimes u)\, SD_h G_{lj}(\otimes u) \text{ 且 } d_{ilj} \geqslant p_j \\ \dfrac{d_{ilj}}{p_j}, & F_{ij}(\otimes u)\, SD_h G_{lj}(\otimes u) \text{ 且 } 0 < d_{ilj} < p_j \end{cases} \quad (4\text{-}15)$$

根据各准则权重信息对和谐性指数进行集结，可以得到方案对的和谐性指数，计算公式为：

$$C\left(x_i, x_l\right) = \sum_{j=1}^{m} w_j C_j\left(\otimes u_{ij}, \otimes u_{lj}\right) \tag{4-16}$$

准则 c_j 下方案对 $\left(x_i, x_l\right)$ $\left(i, l=1, 2, \cdots, n\right)$ 的不和谐性指数计算公式为：

$$D_j\left(\otimes u_{ij}, \otimes u_{lj}\right) = \begin{cases} 0, & \text{其他} \\ 1, & d_{ilj} \geqslant v_j \\ \dfrac{d_{ilj} - p_j}{v_j - p_j}, & p_j < d_{ilj} < v_j \end{cases} \tag{4-17}$$

根据各准则权重信息对和谐性指数进行集结，可以得到方案对的和谐性指数，计算公式为：

$$D\left(x_i, x_l\right) = \sum_{j=1}^{m} w_j C_j\left(\otimes u_{ij}, \otimes u_{lj}\right) \tag{4-18}$$

步骤4 计算各方案对 $\left(x_i, x_l\right)$ $\left(i, l=1, 2, \cdots, n\right)$ 的可信度指数、相对可信度指数和排序指数。

方案对 $\left(x_i, x_l\right)$ 的可信度指数计算公式为：

$$S\left(x_i, x_l\right) = \begin{cases} C\left(x_i, x_l\right), & D_j\left(x_i, x_l\right) \geqslant C_j\left(x_i, x_l\right) \\ C\left(x_i, x_l\right) \prod_{c_i} \dfrac{1 - D_j\left(x_i, x_l\right)}{1 - C_j\left(x_i, x_l\right)}, & \text{其他} \end{cases} \tag{4-19}$$

相对可信度指数 $RS\left(x_i, x_l\right)$ 和排序指数 $I\left(x_i\right)$ 计算公式为：

$$RS\left(x_i, x_l\right) = S\left(x_i, x_l\right) - S\left(x_i, x_l\right), \ i, l=1, 2, \cdots, n, \ i \neq l \tag{4-20}$$

$$I\left(x_i\right) = \sum_{l=1, l \neq i}^{m} RS\left(x_i, x_l\right), \ i=1, 2, \cdots, n \tag{4-21}$$

步骤5 对方案进行排序。

通过比较各方案的排序指数的大小对方案进行排序，排序指数越大，则方案越优。

4.3.3 算例分析

本节拟采用 4.2.3 节中的算例应用本节所提出的方法进行分析，具体分析步骤如下：

步骤 1 判断各准则下两两项目之间的扩展灰数随机优势关系。

在本例中，三个不同准则的评价值属于不同的扩展灰数类型，先将其转换成带有累积分布函数的随机型信息形式。假设扩展灰数 $\otimes u_{ij}$ 和 $\otimes u_{lj}$ 的累积分布函数分别为 $F_{ij}(\otimes u)$ 和 $G_{lj}(\otimes u)$，且在取值范围内服从均匀分布。

然后，判断准则 c_j 下项目 x_i 和 x_l 之间的随机优势关系。比如准则 c_j 下项目 x_1 和 x_2 之间的随机优势关系是 $F_{11}(\otimes u) FSDG_{21}(\otimes u)$；$c_2$ 下项目 x_1 和 x_3 之间的随机优势关系是 $F_{12}(\otimes u) FSDG_{32}(\otimes u)$；$c_3$ 下项目 x_1 和 x_4 之间的随机优势关系是 ϕ。

最后，根据判断结果得到随机优势关系矩阵，结果见表 4-2 ~ 4-4。

步骤 2 计算扩展灰数随机优势度。

首先，利用公式（4-10），计算得到准则 c_j 下两两项目之间的随机优势度 d_{ilj}，结果见表 4-5 ~ 4-7。

步骤 3 计算准则 c_j 下各方案对 (x_i, x_l) $(i, l=1, 2, \cdots, n)$ 的和谐性指数和不和谐性指数。

首先，为方便起见，假设每个准则 c_j 下的偏好阈值和否决阈值为 $p_j=0.3$ 和 $v_j=0.5$。

然后，根据公式（4-15）计算准则 c_j 下各方案对 (x_i, x_l) $(i, l=1, 2, \cdots, n)$ 的和谐性指数，结果见表 4-9 ~ 4-11。

表 4-9 准则 c_1 下两两项目之间的和谐性指数

	x_1	x_2	x_3	x_4	x_5
x_1	0.000	1.000	0.000	1.000	0.000
x_2	0.000	0.000	0.000	0.000	0.000
x_3	1.000	1.000	0.000	1.000	1.000
x_4	0.000	0.833	0.000	0.000	0.000
x_5	0.833	1.000	0.000	1.000	0.000

表 4-10 准则 c_2 下两两项目之间的和谐性指数

	x_1	x_2	x_3	x_4	x_5
x_1	0.000	1.000	0.580	1.000	1.000
x_2	0.000	0.000	0.000	0.930	0.347
x_3	0.000	0.943	0.000	1.000	1.000
x_4	0.000	0.000	0.000	0.000	0.000
x_5	0.000	0.000	0.000	1.000	0.000

表 4-11 准则 c_3 下两两项目之间的和谐性指数

	x_1	x_2	x_3	x_4	x_5
x_1	0.000	0.310	0.000	0.000	0.000
x_2	0.000	0.000	0.000	0.000	0.000
x_3	1.000	1.000	0.000	1.000	0.353
x_4	0.264	0.833	0.000	0.000	0.000
x_5	1.000	1.000	0.000	0.667	0.000

根据公式（4-16）和准则权重信息，将各准则下方案对的和谐性指数进行集结，计算得到各方案对（x_i，x_l）（i，l=1，2，$\cdots$，n）的总体和谐性指数，结果见表 4-12。

表 4-12 两两项目之间的和谐性指数

	x_1	x_2	x_3	x_4	x_5
x_1	0.000	0.770	0.193	0.667	0.333
x_2	0.000	0.000	0.000	0.310	0.116
x_3	0.667	0.981	0.000	1.000	0.784
x_4	0.793	0.555	0.000	0.000	0.000
x_5	0.611	0.667	0.000	0.889	0.000

根据公式（4-17）计算准则 c_j 下各方案对（x_i，x_l）（i，l=1，2，$\cdots$，n）的不和谐性指数，结果见表 4-13 ～ 4-15。

表 4-13　准则 c_1 下两两项目之间的不和谐性指数

	x_1	x_2	x_3	x_4	x_5
x_1	0.000	0.000	1.000	0.000	0.000
x_2	1.000	0.000	1.000	0.000	0.000
x_3	0.000	0.000	0.000	0.000	0.000
x_4	0.500	0.000	1.000	0.000	1.000
x_5	0.00	0.000	0.500	0.000	0.000

表 4-14　准则 c_2 下两两项目之间的不和谐性指数

	x_1	x_2	x_3	x_4	x_5
x_1	0.000	0.000	0.000	0.000	0.000
x_2	0.155	0.000	0.000	0.000	0.000
x_3	0.000	0.000	0.000	0.000	0.000
x_4	0.655	0.000	0.545	0.000	0.190
x_5	0.190	0.000	0.235	0.000	0.000

表 4-15　准则 c_3 下两两项目之间的不和谐性指数

	x_1	x_2	x_3	x_4	x_5
x_1	0.000	0.000	1.000	0.000	0.300
x_2	0.000	0.000	1.000	0.000	0.340
x_3	0.000	0.000	0.000	0.000	0.000
x_4	0.000	0.000	0.745	0.000	0.000
x_5	0.000	0.000	0.000	0.000	0.000

根据公式（4-18），计算得到各方案对（x_i，x_l）（i，l=1，2，…，n）的总体不和谐性指数，结果见表 4-16。

表 4-16　两两项目之间的不和谐性指数

	x_1	x_2	x_3	x_4	x_5
x_1	0.000	0.000	0.667	0.000	0.100
x_2	0.385	0.000	0.667	0.000	0.113
x_3	0.000	0.000	0.000	0.000	0.000
x_4	0.385	0.000	0.763	0.000	0.397
x_5	0.063	0.000	0.245	0.000	0.000

步骤 4 计算各方案对（x_i，x_l）（i，l=1，2，…，n）的可信度指数、相对可信度指数和排序指数。

根据表 4-12～4-16 中数据以及公式（4-19），计算得到方案对（x_i，

x_l）的可信度指数，结果见表 4–17。

表 4–17 两两项目之间的可信度指数

	x_1	x_2	x_3	x_4	x_5
x_1	0.000	0.770	0.000	0.667	0.333
x_2	0.000	0.000	0.000	0.310	0.111
x_3	0.667	0.981	0.000	1.000	0.784
x_4	0.793	0.555	0.000	0.000	0.000
x_5	0.062	0.667	0.000	0.889	0.000

根据表 4–16 中数据和公式（4–20），计算得到相对可信度指数 $RS(x_i, x_l)$，见表 4–18。

表 4–18 两两项目之间的相对可信度指数

	x_1	x_2	x_3	x_4	x_5
x_1	0.000	0.770	−0.667	−0.126	0.271
x_2	−0.770	0.000	−0.981	−0.245	−0.556
x_3	0.667	0.981	0.000	1.000	0.784
x_4	0.126	0.245	−1.000	0.000	−0.889
x_5	−0.271	0.556	−0.784	0.889	0.000

根据表 4–17 中数据和公式（4–21），计算得到每个方案的排序指数：

$I(x_1)=0.248$，$I(x_2)=-2.552$，$I(x_3)=3.432$，$I(x_4)=-1.518$，$I(x_5)=0.390$。

步骤 5 对方案进行排序。

通过比较各方案的排序指数的大小对方案进行排序，可知 $x_3 > x_5 > x_1 > x_4 > x_2$ 且最佳项目为 x_3。

4.4 比较分析

为了说明本章所提出的基于随机优势的灰色随机多准则决策方法的有效性和科学性，本节拟采用文献[65]中基于随机优势的多种信息形式的多准则决策方法求解 4.2.3 节中实例问题，并进行比较分析。文献[65]可以处理准则值为清晰数和区间数的多准则决策问题，而清晰数和区间数可以视为扩展灰数的特殊情况。为方便比较，本节通过取 4.2.3 节实例中评价值的最小值将扩展灰数转化为区间灰数或清晰数形式，转化后的决策矩阵如表 4-19 所示。

表 4-19　灰色随机决策矩阵

	c_1	c_2	c_3
x_1	{4}	{0.75}	{4，7}
x_2	{2}	{0.70}	{3，8}
x_3	{6}	{0.70}	{7，8}
x_4	{3}	{0.65}	{5，8}
x_5	{5}	{0.70}	{6，9}

根据文献[65]所提出的方法，准则值为清晰数和区间数的决策问题分析步骤如下：

步骤 1　判断各准则下两两项目之间的随机优势关系。

先将准则值转换成带有累积分布函数的随机型信息形式。这里，假设区间数在取值范围内服从均匀分布。

然后，判断准则 c_j 下项目 x_i 和 x_l 之间的随机优势关系，并根据判断结果得到随机优势关系矩阵，结果见表 4-20 ～ 4-22。

表 4-20　准则 c_1 下两两项目之间的随机优势关系

	x_1	x_2	x_3	x_4	x_5
x_1	ϕ	FSD	ϕ	FSD	ϕ
x_2	ϕ	ϕ	ϕ	ϕ	ϕ
x_3	FSD	FSD	ϕ	FSD	FSD
x_4	ϕ	FSD	ϕ	ϕ	ϕ
x_5	FSD	FSD	ϕ	FSD	ϕ

表 4-21　准则 c_2 下两两项目之间的随机优势关系

	x_1	x_2	x_3	x_4	x_5
x_1	ϕ	FSD	FSD	FSD	FSD
x_2	ϕ	ϕ	ϕ	FSD	ϕ
x_3	ϕ	ϕ	ϕ	FSD	ϕ
x_4	ϕ	ϕ	ϕ	ϕ	ϕ
x_5	ϕ	ϕ	ϕ	FSD	ϕ

表4-22　准则 c_3 下两两项目之间的随机优势关系

	x_1	x_2	x_3	x_4	x_5
x_1	ϕ	SSD	ϕ	ϕ	ϕ
x_2	ϕ	ϕ	ϕ	ϕ	ϕ
x_3	FSD	FSD	ϕ	FSD	SSD
x_4	FSD	FSD	ϕ	ϕ	ϕ
x_5	FSD	FSD	ϕ	FSD	ϕ

步骤2　计算各准则下方案对（ x_i，x_l ）的和谐性指数和总体和谐性指数。

假设每个准则下的偏好阈值和否决阈值为 $p_{1,3}=1$，$p_2=0.1$，$v_{1,3}=3$ 和 $v_2=0.3$。利用文献[65]中公式（6）和（7），可计算得到准则 c_j 下方案对（ x_i，x_l ）的和谐性指数 c_j（ x_i，x_l ）和总体和谐性指数 C（ x_i，x_l ）。方案对的总体和谐性指数见表4-23。

表4-23　方案对的总体和谐性指数

	x_1	x_2	x_3	x_4	x_5
x_1	0.000	0.500	0.167	0.667	0.167
x_2	0.000	0.000	0.000	0.167	0.000
x_3	0.667	0.667	0.000	0.833	0.333
x_4	0.333	0.667	0.000	0.000	0.000
x_5	0.667	0.667	0.000	0.833	0.000

步骤3　计算各准则下方案对（ x_i，x_l ）的不和谐性指数。

利用文献[65]中公式（8），可计算得到准则 c_j 下方案对（ x_i，x_l ）的不和谐性指数 d_j（ x_i，x_l ）。如 d_1（ x_1，x_3 ）=0.500，d_3（ x_2，x_3 ）=0.500。

步骤4　计算方案对（ x_i，x_l ）的可信度指数和相对可信度指数。

利用文献[65]中公式（9）～（10），可以计算得到方案对（ x_i，x_l ）的可信度指数 S（ x_i，x_l ）和相对可信度指数 RS（ x_i，x_l ）。如 S（ x_1，x_3 ）=0.072，S（ x_3，x_1 ）=0.667，RS（ x_1，x_3 ）=−0.595，RS（ x_2，x_3 ）=−0.667。

步骤5 计算各方案的排序指数并对方案进行排序。

利用文献[65]中公式（11），可计算得到各方案的排序指数 $I(x_i)$，$I(x_1)=-0.285$，$I(x_2)=-2.334$，$I(x_3)=2.428$，$I(x_4)=-1.499$，$I(x_5)=1.690$。通过比较各方案排序指数值大小很容易得到方案的排序结果，即 $x_3 > x_5 > x_1 > x_4 > x_2$ 且最佳方案为 x_3。

当采用基于随机优势和 PROMETHEE Ⅱ 及基于随机优势和 ELECTRE Ⅲ 的灰色随机多准则决策方法解决此决策问题时，同样可以得到同样的排序结果，即 $x_3 > x_5 > x_1 > x_4 > x_2$ 且最优方案为 x_3。

从以上分析可以看出：

（1）求解同一实例时，采用基于随机优势的多种信息形式的多准则决策方法和本章所提出的基于随机优势和 PROMETHEE Ⅱ 以及基于随机优势和 ELECTRE Ⅲ 的灰色随机多准则决策方法得到的备选项目排序结果和最优项目均完全相同，这从某种程度上说明了本章所提出的两种方法的有效性和科学性。

（2）基于随机优势的多种信息形式的多准则决策方法能有效处理准则值为清晰数和区间数等形式的决策问题，而本章所提出的两种方法不仅可以解决准则值为清晰数和区间数的决策问题，还能有效解决准则值为扩展灰数形式的决策问题。扩展灰数集合了区间灰数和离散灰数的特点，具有更强的表达不确定信息的能力，因而本章所提出的方法具有更高的实用价值。

（3）基于随机优势的多种信息形式的多准则决策方法通过判断方案之间的随机优势关系和运用 ELECTRE Ⅲ 方法得到方案的排序结果，在计算方案对的和谐性指数和不和谐性指数时采用的是各方案的准则期望值，因而可能会造成信息的扭曲和失真；基于随机优势和

PROMETHEE Ⅱ的方法采用扩展灰数随机优势度作为优先函数，无需对原始决策数据进行处理，具有简便，易操作、易计算等特点；基于随机优势和ELECTRE Ⅲ的方法利用扩展灰数随机优势度对各准则下两两方案之间的优序关系进行了定义，其最大特点是考虑了两两方案之间随机优势度差值的大小，此方法的缺点是阈值不易确定且带有一定的主观性。因此，本章所提出的两种方法各有优势，决策者可根据偏好和决策实际情况作出选择。

（4）由于在实际决策时很难得到决策者偏好信息的完全序，而得到部分偏好信息则相对容易。因此，利用部分信息形成的偏序来进行决策的随机优势方法能更好地解决随机多准则决策问题。

4.5 本章小结

针对效用函数信息不完全的连续型灰色随机多准则决策问题，本章定义了扩展灰数随机优势准则和扩展灰数随机优势度，并在此基础上提出了两种决策方法：基于随机优势和PROMETHEE Ⅱ的灰色随机多准则决策方法与基于随机优势和ELECTRE Ⅲ的灰色随机多准则决策方法。在基于随机优势和PROMETHEE Ⅱ的灰色随机多准则决策方法中，首先判断各准则下两两方案之间的随机优势关系并计算扩展灰数随机优势度，然后计算各方案的出流、入流和净流并据此对方案进行排序；在基于随机优势和ELECTRE Ⅲ的灰色随机多准则决策方法中，先判断各准则下两两方案之间的随机优势关系和计算扩展灰数随机优势度，然后据此判断两两方案之间的优序关系，计算和谐性指数、不和谐性指数、可信度指数、相对可信度指数和排序指数，并根据排序指数大小对方案进行排序。最后和基于随机优势的多种信息形式的多准则决策方法的比较分析证明了方法的有效性和科学性。本章所提出的两种方法各有优点，可广泛应用于财政、金融、经济和管理等领域。

5 基于随机多目标可接受度的灰色随机多准则决策方法

    在实际多准则决策中，很多决策需要的信息存在缺失的可能性，一方面是准则评价信息存在不确定性。由于时间和知识水平等方面的限制，决策者往往无法给出确定的方案准则评价信息。在这种情况下，如果使用精确值来表示准则评价信息有可能会过分简化问题，使决策信息出现扭曲和失真的现象。同时，多个决策者在评估决策信息时往往较难达成一致。因此，决策信息通常表现为随机值或带有相应概率的确定值等形式。

    决策信息缺失的另一方面表现为准则偏好信息存在不确定性。有时候，决策者不愿意明确地表达自己的偏好，有时候则是决策者无法估计不同准则的重要程度。此外，准则的偏好信息即准则权重还有可能在不断变化的环境中随机发生改变。因此，决策时很难获取精确的准则权重信息，而只能得到不精确或不完整的权重信息。Lahdelma 和 Salminen[154] 提出了五种类型的权重空间限制：（1）权重的部分或完全排序；（2）权重值为区间数；（3）权重比为区间数；（4）权重的线性不等式限制；（5）权重的非线性不等式限制。

随机多目标可接受度分析（Stochastic Multiobjective Acceptability Analysis，SMAA）最先由 Lahdelma[82] 于 1998 年提出，是一系列有效的解决信息缺失情况下的随机多准则决策方法。SMAA 通过逆权重空间的方法，在决策者偏好未知的情况下，利用价值或效用函数得到备选方案的可接受度、中心权向量和置信度等指标，并通过这些指标对方案的排序进行分析。目前，SMAA 已经得到大量研究者关注，并且出现了一系列变体形式，包括 SMAA-2、SMAA-3、SMAA-O、SMAA-D、SMAA-A、SMAA-P、SMAA-TRI、SMAA-Choquet、SMAA-AD、SMAA-TOPSIS 和 SMAA-PROMETHEE 等。SMAA 方法还被应用到垃圾处理厂选址[87]、工业污染区治理公司选择[93]、药物的风险效益分析和机械枪的选择[95] 等领域。

SMAA 方法的最大优点是不需要明确决策者的偏好信息就能帮助决策者给出备选方案的排序结果，特别适用于解决公共政策决策问题。其缺点是计算量大，排序可接受度、中心权向量和置信度指数等几乎无法直接计算，需要借助蒙特卡洛仿真软件实现。SMAA 方法计算的难题随着计算机技术的不断发展而得到解决，其优势越来越突显，应用需求也越来越大。

基于以上分析，本章内容安排如下：第一节提出扩展灰数关系模型，包括扩展灰数优序关系模型和扩展灰数绝对优势关系模型。首先根据 ELECTRE Ⅲ 优序关系模型分别提出区间灰数和扩展灰数优序关系模型，然后构建扩展灰数绝对优势关系模型；第二节在扩展灰数优序关系模型的基础上，将 SMAA 和 ELECTRE Ⅲ 相结合应用于连续型灰色随机多准则决策问题中并进行实例分析；第三节在扩展灰数绝对优势关系模型的基础上提出基于 SMAA 和绝对优势的灰色随机多准则决策方法并进行实例分析；第四节为比较分析；第五节对本章内容进行小结。

5.1 扩展灰数关系模型

本节首先根据 ELECTRE Ⅲ 方法中的优序关系模型构建区间灰数优序关系模型和扩展灰数优序关系模型，然后根据绝对优势方法构建扩展灰数绝对优势关系模型。

5.1.1 区间灰数优序关系模型

本小节拟定义区间灰数的和谐性指数、不和谐性指数和可信度指数。这里，同样假设偏好阈值、无差异阈值和否决阈值表达为常数。

定义 5–1 假设有 n 个备选方案 $X=\{x_1, x_2, \cdots, x_n\}$，$m$ 个评估准则 $C=\{c_1, c_2, \cdots, c_m\}$，相应的权重为 $\boldsymbol{W}=(w_1, w_2, \cdots, w_m)$，满足 $w_j \in [0, 1]$ 和 $\sum_{j=1}^{m} w_j=1$。方案 x_i（$i=1, 2, \cdots, n$）在准则 c_j（$j=1, 2, \cdots, m$）下的评估值为区间灰数 $\widetilde{\otimes} a_{ij}$，$p_j$、$q_j$ 和 v_j 分别为准则 c_j（$j=1, 2, \cdots, m$）下的偏好阈值、无差异阈值和否决阈值，满足 $0 \leqslant q_j \leqslant p_j \leqslant v_j$。对于 $\widetilde{\otimes} a_{ij}$ 和 $\widetilde{\otimes} a_{kj}$（$k=1, 2, \cdots, n$），可以定义两者之间的优序关系：

（1）若 $p(\widetilde{\otimes} a_{ij}- \widetilde{\otimes} a_{kj} \geqslant p_j) \geqslant 0.5$，则 $\widetilde{\otimes} a_{ij}$ 强优于 $\widetilde{\otimes} a_{kj}$；

（2）若 $p(\widetilde{\otimes} a_{ij}- \widetilde{\otimes} a_{kj} \geqslant p_j) \leqslant 0.5$ 且 $p(\widetilde{\otimes} a_{ij}- \widetilde{\otimes} a_{kj} \geqslant q_j) > 0.5$，则 $\widetilde{\otimes} a_{ij}$ 弱占优于 $\widetilde{\otimes} a_{kj}$；

（3）若 $p(|\widetilde{\otimes} a_{ij}- \widetilde{\otimes} a_{kj}| \geqslant q_j) \leqslant 0.5$，则 $\widetilde{\otimes} a_{ij}$ 无差异于 $\widetilde{\otimes} a_{kj}$。

基于以上优序关系，可以定义和谐性指数 $\tilde{c}(x_i, x_k)$，不和谐性指数 $\tilde{d}(x_i, x_k)$ 和可信度指数 $\tilde{s}(x_i, x_k)$。其中，和谐性指数用来描述"方案 x_i 级别高于方案 x_k"的程度，不和谐性指数用来描述拒绝"方

案 x_i 级别高于方案 x_k"的程度，可信度指数用来描述"方案 x_i 级别高于方案 x_k"的可信程度。

定义 5-2 和谐性指数 $\tilde{c}(x_i, x_k)$ 定义为：

$$\tilde{c}(x_i, x_k) = \sum_{j=1}^{m} w_j \tilde{c}_j(\tilde{\otimes} a_{ij}, \tilde{\otimes} a_{kj}) \qquad (5-1)$$

其中，$\tilde{c}_j(\tilde{\otimes} a_{ij}, \tilde{\otimes} a_{kj})$ 为准则 c_j 下 "$\tilde{\otimes} a_{ij}$ 级别高于 $\tilde{\otimes} a_{kj}$" 的程度，其计算公式为：

$$\tilde{c}_j(\tilde{\otimes} a_{ij}, \tilde{\otimes} a_{kj}) = \begin{cases} 0, & p(\tilde{\otimes} a_{ij} + p_j \geqslant \tilde{\otimes} a_{kj}) \leqslant 0.5 \\ 1, & p(\tilde{\otimes} a_{ij} + q_j \geqslant \tilde{\otimes} a_{kj}) \geqslant 0.5 \\ \dfrac{p_j + \tilde{\otimes} a_{ij} - \tilde{\otimes} a_{kj}}{p_j - q_j}, & \text{其他} \end{cases} \qquad (5-2)$$

定义 5-3 不和谐性指数 $\tilde{d}(x_i, x_k)$ 定义为：

$$\tilde{d}(x_i, x_k) = \sum_{j=1}^{m} w_j \tilde{d}_j(\tilde{\otimes} a_{ij}, \tilde{\otimes} a_{kj}) \qquad (5-3)$$

其中，$\tilde{d}_j(\tilde{\otimes} a_{ij}, \tilde{\otimes} a_{kj})$ 为准则 c_j 下拒绝 "$\tilde{\otimes} a_{ij}$ 级别高于 $\tilde{\otimes} a_{kj}$" 的程度，其计算公式为：

$$\tilde{d}_j(\tilde{\otimes} a_{ij}, \tilde{\otimes} a_{kj}) = \begin{cases} 0, & p(\tilde{\otimes} a_{ij} + p_j \geqslant \tilde{\otimes} a_{kj}) \geqslant 0.5 \\ 1, & p(\tilde{\otimes} a_{ij} + v_j \geqslant \tilde{\otimes} a_{kj}) \leqslant 0.5 \\ \dfrac{\tilde{\otimes} a_{kj} - \tilde{\otimes} a_{ij} - p_j}{v_j - p_j}, & \text{其他} \end{cases} \qquad (5-4)$$

定义 5-4 可信度指数 $\tilde{s}(x_i, x_k)$ 定义为：

$\tilde{s}(x_i, x_k)$

$$= \begin{cases} \tilde{c}(x_i, x_k), & \forall 若 c_j, \ p(\tilde{d}_j(\tilde{\otimes} a_{ij}, \tilde{\otimes} a_{kj}) \geqslant \tilde{c}(x_i, x_k)) \leqslant 0.5 \\ \tilde{c}(x_i, x_k) \prod_{c_j} \dfrac{1 - \tilde{d}_j(\tilde{\otimes} a_{ij}, \tilde{\otimes} a_{kj})}{1 - \tilde{c}(x_i, x_k)}, & \text{其他} \end{cases} \qquad (5-5)$$

定义 5-5 方案对的相对可信度指数 $r\tilde{s}\left(x_i,\ x_k\right)$ 和排序指数 $\tilde{I}\left(x_i\right)$ 定义为：

$$r\tilde{s}\left(x_i,\ x_k\right)=\tilde{s}\left(x_i,\ x_k\right)-\tilde{s}\left(x_k,\ x_i\right),\ i,\ k=1,\ 2,\ \cdots,\ n,\ i\neq k\ (5\text{-}6)$$

$$\tilde{I}\left(x_i\right)=\sum_{k=1,\ k\neq i}^{m}r\tilde{s}\left(x_i,\ x_k\right),\ i=1,\ 2,\ \cdots,\ n\qquad（5\text{-}7）$$

5.1.2 扩展灰数优序关系模型

基于区间灰数优序关系模型，本小节拟定义扩展灰数和谐性指数、不和谐性指数和可信度指数。

定义 5-6 假设有 n 个备选方案 $X=\{x_1,\ x_2,\ \cdots,\ x_n\}$，$m$ 个评估准则 $C=\{c_1,\ c_2,\ \cdots,\ c_m\}$，相应的权重为 $\pmb{W}=\left(w_1,\ w_2,\ \cdots,\ w_m\right)$，满足 $w_j\in[0,\ 1]$ 和 $\sum_{j=1}^{m}w_j=1$。方案 $x_i(i=1,\ 2,\ \cdots,\ n)$ 在准则 $c_j(j=1,\ 2,\ \cdots,\ m)$ 下的评估值为扩展灰数 $\otimes a_{ij}$，p_j、q_j 和 v_j 分别为准则 $c_j(i=1,\ 2,\ \cdots,\ m)$ 下的偏好阈值、无差异阈值和否决阈值，满足 $0\leqslant q_j\leqslant p_j\leqslant v_j$。对于 $\otimes a_{ij}=\bigcup_{g=1}^{l_{ij}}[\underline{a}_{ijg},\ \overline{b}_{ijg}]$ 和 $\otimes a_{kj}=\bigcup_{h=1}^{l_{ij}}[\underline{a}_{kjh},\ \overline{b}_{kjh}]$（$k=1,\ 2,\ \cdots,\ n$），可以定义准则 c_j 下两者之间的和谐性指数 $c_j\left(\otimes a_{ij},\ \otimes a_{kj}\right)$：

$$c_j\left(\otimes a_{ij},\ \otimes a_{kj}\right)=\frac{1}{l_{ij}\times l_{kj}}\sum_{g=1}^{l_{ij}}\sum_{h=1}^{l_{kj}}\tilde{c}_j\left(\tilde{\otimes}a_{ijg},\ \tilde{\otimes}a_{kjh}\right)\qquad（5\text{-}8）$$

其中，$\tilde{\otimes}a_{ijg}=[\underline{a}_{kjg},\ \overline{b}_{kjg}]$，$\tilde{\otimes}a_{kjh}=[\underline{a}_{kjh},\ \overline{b}_{kjh}]$。

定义 5-7 扩展灰数优序关系定义如下：

（1）若 $p\left(c_j\left(\otimes a_{ij},\ \otimes a_{kj}\right)-c_j\left(\otimes a_{kj},\ \otimes a_{ij}\right)\geqslant1\right)=0.5$，则称 $\otimes a_{ij}$ 强优于 $\otimes a_{kj}$；

（2）若 $p\left(c_j\left(\otimes a_{ij},\ \otimes a_{kj}\right)-c_j\left(\otimes a_{kj},\ \otimes a_{ij}\right)\geqslant0\right)=0.5$，则称 $\otimes a_{ij}$ 无差别于 $\otimes a_{kj}$；

（3）若 $p\left(c_j\left(\otimes a_{ij},\ \otimes a_{kj}\right)-c_j\left(\otimes a_{kj},\ \otimes a_{ij}\right)\geqslant1\right)<0.5$ 且 $p\left(c_j\left(\otimes a_{kj},\right.\right.$

$\otimes a_{ij}) - c_j (\otimes a_{kj}, \otimes a_{ij}) \geqslant 0) > 0.5$，则称$\otimes a_{ij}$弱优于$\otimes a_{kj}$。

定义 5-8 准则 c_j 下扩展灰数不和谐性指数 $d_j (\otimes a_{ij}, \otimes a_{kj})$ 定义为：

$$d_j (\otimes a_{ij}, \otimes a_{kj}) = \frac{1}{l_{ij} \times l_{kj}} \sum_{g=1}^{l_{ij}} \sum_{h=1}^{l_{kj}} \tilde{d}_j (\tilde{\otimes} a_{ijg}, \tilde{\otimes} a_{kjh}) \qquad (5-9)$$

其中，$\tilde{\otimes} a_{ijg} = [\underline{a}_{ijg}, \overline{a}_{ijg}]$，$\tilde{\otimes} a_{kjh} = [\underline{a}_{kjh}, \overline{a}_{kjh}]$。

定义 5-9 准则 c_j 下扩展灰数可信度指数 $s_j (\otimes a_{ij}, \otimes a_{kj})$ 定义为：

$s_j (\otimes a_{ij}, \otimes a_{kj})$

$$= \begin{cases} c_j (\otimes a_{ij}, \otimes a_{kj}), & \text{若} \forall c_j, p (d_j (\otimes a_{ij}, \otimes a_{kj}) \geqslant c_j (\otimes a_{ij}, \otimes a_{kj})) \leqslant 0.5 \\ c_j (\otimes a_{ij}, \otimes a_{kj}) \prod_{c_j} \dfrac{1 - d_j (\otimes a_{ij}, \otimes a_{kj})}{1 - c_j (\otimes a_{ij}, \otimes a_{kj})}, & \text{其他} \end{cases} \qquad (5-10)$$

定义 5-10 准则 c_j 下扩展灰数方案对的相对可信度指数 $rs_j (\otimes a_{ij}, \otimes a_{kj})$ 和排序指数 $I_j (\otimes a_{ij})$ 定义为：

$$rs_j (\otimes a_{ij}, \otimes a_{kj}) = s_j (\otimes a_{ij}, \otimes a_{kj}) - s_j (\otimes a_{ij}, \otimes a_{kj}),$$
$$i, k = 1, 2, \cdots, n, i \neq k \qquad (5-11)$$

$$I_j (\otimes a_{ij}) = \sum_{k=1, k \neq i}^{m} rs_j (\otimes a_{ij}, \otimes a_{kj}), \quad i = 1, 2, \cdots, n \qquad (5-12)$$

5.1.3 扩展灰数绝对优势关系模型

绝对优势方法（Absolute Dominant Method，ADM）[93] 的基本思想是通过集成两两方案间优势对比情况计算一个方案优于其他所有方案的绝对优势值，其特点是计算简单、不需要提前设置任何参数。本小节拟在介绍绝对优势方法的基础上提出扩展灰数绝对优势模型。

考虑如下连续型随机多准则决策问题：方案集为 $X = \{x_1, x_2, \cdots, x_n\}$，评价准则集为 $C = \{c_1, c_2, \cdots, c_m\}$，方案 x_i 在准则 c_j 下的评估值用随机变量 x_{ij} 表示，其上界和下界分别为 $\overline{x}_{ij}$ 和 $\underline{x}_{ij}$，且概率密度函数为 $f(x_{ij})$。

首先，考虑四种情况计算准则 c_j 下方案 x_i 大于方案 x_k 的绝对优势值[93]。

（1）x_{ij} 和 x_{kj} 均为随机变量

当 x_{ij} 和 x_{kj} 均为随机变量时，如果 c_j 为效益型准则，其绝对优势值计算公式为：

$$v_{ij}=\iint_D (x_{ij}-x_{kj}) f(x_{ij}, x_{kj}) \mathrm{d}x_{ij}\mathrm{d}x_{kj} \qquad (5\text{-}13)$$

其中，$D=\{(x_{ij}-x_{kj}) \mid \underline{x}_{ij} \leq x_{ij} \leq \bar{x}_{ij}, \underline{x}_{kj} \leq x_{kj} \leq \bar{x}_{kj}, x_{ij} > x_{kj}\}$。

如果准则 c_j 为成本型，则绝对优势值计算公式为：

$$v_{ikj}=\iint_D (x_{kj}-x_{ij}) f(x_{ij}, x_{kj}) \mathrm{d}x_{ij}\mathrm{d}x_{kj} \qquad (5\text{-}14)$$

其中，$D'=\{(x_{ij}-x_{kj}) \underline{x}_{ij} \leq x_{ij} \leq \bar{x}_{ij}, \underline{x}_{kj} \leq x_{kj} \leq \bar{x}_{kj}, x_{ij} < x_{kj}\}$。

在绝对优势函数中，$f(x_{ij}, x_{kj})$ 表示随机变量 x_{ij} 和 x_{kj} 之间的联合概率密度分布。通常，x_{ij} 和 x_{kj} 是相互独立的，因此，$f(x_{ij}, x_{kj}) = f(x_{ij}) f(x_{kj})$。

为不失一般性，后面的情况假设所有准则都是效益型，且各方案各准则之间是相互独立的。

（2）x_{ij} 为随机变量，x_{kj} 为确定值

当 x_{ij} 为随机变量，x_{kj} 为确定值时，x_{ij} 和 x_{kj} 之间的联合概率密度分布变为 $f(x_{ij}, x_{kj}) = f(x_{ij}) \sigma(x_{kj}-x^*_{kj})$。其中，确定值 x^*_{kj} 为随机变量 x_{kj} 的特殊形式。

x_{ij} 和 x_{kj} 之间的绝对优势值计算公式为：

$$v_{ikj}=\int_{x_{ij} > x^*_{ij}} (x_{ij}-x^*_{kj}) f(x_{ij}) \mathrm{d}x_{ij} \qquad (5\text{-}15)$$

（3）x_{ij} 为确定值，x_{kj} 为随机变量

当 x_{ij} 为确定值，x_{kj} 为随机变量时，x_{ij} 和 x_{kj} 之间的联合概率密度分布变为 $f(x_{ij}, x_{kj}) = f(x_{kj}) \sigma(x_{ij}-x^*_{ij})$。

x_{ij} 和 x_{kj} 之间的绝对优势值计算公式为:

$$v_{ikj} = \int_{x_{ij}^* > x_{kj}} (x_{ij}^* - x_{kj}) f(x_{kj}) \, \mathrm{d}x_{kj} \qquad (5\text{-}16)$$

(4) x_{ij} 和 x_{kj} 均为确定值

当 x_{ij} 和 x_{kj} 均为确定值时,x_{ij} 和 x_{kj} 之间的联合概率密度分布变为:

$f(x_{ij}, x_{kj}) = \sigma(x_{ij} - x_{ij}^*) \sigma(x_{kj} - x_{kj}^*)$。

x_{ij} 和 x_{kj} 之间的绝对优势值简化为:

$$v_{ikj} = x_{ij}^* - x_{kj}^* \qquad (5\text{-}17)$$

然后,计算准则 c_j 下方案 x_i 大于所有其他方案的绝对优势值,计算公式如下所示:

$$v_{ij} = \sum_{k \neq i} \iint_D (x_{ij} - x_{kj}) f(x_{ij}, x_{kj}) \, \mathrm{d}x_{ij} \mathrm{d}x_{kj} \qquad (5\text{-}18)$$

v_{ij} 值越大,说明准则 c_j 下方案 x_i 比其他所有方案具有的优势更强。

通过计算方案的绝对优势值,随机多准则决策问题转化成了确定型多准则决策问题。最后,对方案 x_i 所有准则绝对优势值的加权求和,计算方案的总体绝对优势值以对方案进行排序。v_i 值越大,方案 x_i 越优。

$$v_i = \sum_{j=1}^m w_j v_{ij} \qquad (5\text{-}19)$$

对于扩展灰数随机变量,其实际取值有可能在多个区间范围之内,因此,在计算绝对优势时,需要综合考虑扩展灰数各部分的绝对优势值。若方案 x_i 在准则 c_j 下的评估值用扩展灰数随机变量 $\otimes x_{ij} = \bigcup_{g=1}^{l_{ij}} \tilde{\otimes} x_{ijg}$ 表示,方案 x_k 在准则 c_j 下的评估值用扩展灰数随机变量 $\otimes x_{kj} = \bigcup_{h=1}^{l_{kj}} \tilde{\otimes} x_{kjh}$ 表示,则准则 c_j 下扩展灰数 $\otimes x_{ij}$ 相对 $\otimes x_{kj}$ 的绝对优势值定义如下:

$$V_{ikj} = \frac{1}{l_{ij} \times l_{kj}} \sum_{g=1}^{l_{ij}} \sum_{h=1}^{l_{kj}} \iint_D (\tilde{\otimes} x_{ijg} - \tilde{\otimes} x_{kjh}) f(\tilde{\otimes} x_{ijg}, \tilde{\otimes} x_{kjh}) \, \mathrm{d}(\tilde{\otimes} x_{ijg})$$

$$\mathrm{d}(\tilde{\otimes} x_{kjh}) \qquad (5\text{-}20)$$

其中，$\widetilde{\otimes} x_{ijg}=[\underline{x}_{ijg}, \bar{x}_{ijg}]$ 和 $\widetilde{\otimes} x_{kjg}=[\underline{x}_{kjg}, \bar{x}_{kjg}]$ 分别为扩展灰数 x_{ij} 和 x_{kj} 的子集。
$D=\{ (\widetilde{\otimes} x_{ijg}, \widetilde{\otimes} x_{kjh}) \lfloor \underline{x}_{ijg} \leqslant \widetilde{\otimes} x_{ijg} \leqslant \bar{x}_{ijg}, \underline{x}_{kjh} \leqslant \widetilde{\otimes} x_{kjh} \leqslant \bar{x}_{kjh}, p (\widetilde{\otimes} x_{ijg} \geqslant \widetilde{\otimes} x_{kjh}) > 0.5\}$。

然后，容易计算得到准则 c_j 下扩展灰数 $\otimes x_{ij}$ 相对其他所有方案的绝对优势值：

$$V_{ij}=\sum_{k \neq i} V_{ikj} \qquad （5-21）$$

扩展灰数随机变量在取值范围内既有可能服从均匀分布，也有可能服从正态分布，下面将分别考虑这两种分布情况下扩展灰数随机变量的概率密度函数。

（1）均匀分布

均匀分布是最常见的分布形式之一，若灰色随机变量 $\otimes x_{ij}=\bigcup\limits_{g=1}^{l_{ij}} \widetilde{\otimes} x_{ijg}=\bigcup\limits_{g=1}^{l_{ij}}$ $[\underline{x}_{ijg}, \bar{x}_{ijg}]$ 在取值范围之内服从均匀分布，则其概率密度函数为：

$$f (\widetilde{\otimes} x_{ijg}) =$$
$$\begin{cases} \dfrac{1}{\underline{x}_{ijg}-\bar{x}_{ijg}}, & \underline{x}_{ijg} \leqslant \widetilde{\otimes} x_{ijg} \leqslant \bar{x}_{ijg} \ 1 \leqslant i \leqslant n, \ 1 \leqslant j \leqslant m, \ 1 \leqslant g \leqslant l_{ij} \quad （5-22） \\ 0, & 其他 \end{cases}$$

（2）正态分布

正态分布又称为高斯分布，在数学、物理、工程和统计方面都有非常重要的作用。若灰色随机变量在取值范围之内服从正态分布，则其概率密度函数为：

$$f (\widetilde{\otimes} x_{ijg}) =$$
$$\begin{cases} \dfrac{1}{\sqrt{2\pi} \sigma_{ijg}} \exp[- (x-\mu_{ijg})^2/2 (\sigma_{ijg})^2], & \underline{x}_{ijg} \leqslant \widetilde{\otimes} x_{ijg} \leqslant \bar{x}_{ijg} \\ 0, & 其他 \end{cases} \qquad （5-23）$$

其中，$1 \leq i \leq n$，$1 \leq j \leq m$，$1 \leq g \leq l_{ij}$。均值 $\mu_{ijg} = (\underline{r}_{ijg} + \bar{r}_{ijg})/2$，方差 $\sigma_{ijg} = (\bar{r}_{ijg} - \underline{r}_{ijg})/6$。

5.2 基于 SMAA-ELECTRE 的灰色随机多准则决策方法

本节拟将 SMAA 和 ELECTRE Ⅲ 方法相结合，提出一种 SMAA-ELECTRE 方法来解决连续型灰色随机多准则决策问题。

5.2.1 问题描述

设有 n 个方案 $X = \{x_1, x_2, \cdots, x_n\}$，$m$ 个评价准则 $C = \{c_1, c_2, \cdots, c_m\}$，准则集的权重为 $\boldsymbol{W} = (w_1, w_2, \cdots, w_m)$，且满足 $w_j \in [0, 1]$ 和 $\sum_{j=1}^{m} w_j = 1$。各准则 c_j 下的偏好阈值、无差异阈值和否决阈值为 p_j、q_j 和 v_j，满足 $0 \leq q_j \leq p_j \leq v_j$。记决策矩阵为 $\boldsymbol{R} = (\otimes u_{ij})_{n \times m}$，其中扩展灰数 $\otimes u_{ij} = \bigcup_{g=1}^{l_{ij}} [a_{ijg}, b_{ijg}]$ 表示方案 x_i 在准则 c_j 下的评估值，满足 $a_{ij1} \leq a_{ij1} < a_{ij2} \leq a_{ij2} < \cdots < a_{ijl_{ij}} \leq b_{ijl_{ij}}$。$\otimes u_{ij}$ 为连续型随机变量，其概率密度函数为 $f_{ij}(\xi)$，满足 $\int_{-\infty}^{+\infty} f_{ij}(\xi) \mathrm{d}\xi = 1$。试根据上述情况对方案进行排序。

5.2.2 基于 SMAA-ELECTRE 的灰色随机多准则决策步骤

上述决策问题的具体步骤如下：

步骤 1　规范化决策矩阵。

一般而言，决策矩阵中准则分为成本型和效益型两类。为了消除物理量纲的影响，使准则信息具有可比性，需要对准则进行规范化处理。对于效益型准则，其规范化公式为：

$$\otimes u'_{ij} = \frac{\otimes u_{ij}}{b_{ijg}^{(\max)}} = \bigcup_{g=1}^{l_{ij}} \left[\frac{a_{ijg}}{b_{ijg}^{(\max)}}, \frac{b_{ijg}}{b_{ijg}^{(\max)}} \right] \tag{5-24}$$

其中，$b_{ijg}^{(\max)} = \max_{1 \leq g \leq l_{ij}, 1 \leq i \leq n} b_{ijg}$。

对于成本型准则，其规范化公式为：

$$\otimes u'_{ij} = \frac{a_{ijg}^{(\min)}}{\otimes u_{ij}} = \bigcup_{g=1}^{l_{ij}} [\frac{a_{ijg}^{(\min)}}{b_{ijg}}, \frac{a_{ijg}^{(\min)}}{a_{ijg}}] \qquad (5\text{-}25)$$

其中，$a_{ijg}^{(\min)} = \min\limits_{1 \leq g \leq l_{ij}, 1 \leq i \leq n} a_{ijg}$。

规范化后的矩阵可以表示为 $\boldsymbol{N} = (\otimes u'_{ij})_{n \times m}$，其中 $u'_{ij} = \bigcup\limits_{g=1}^{l_{ij}} [\underline{u}'_{ijg}, \overline{u}'_{ijg}]$。

步骤 2　计算各方案对 (x_i, x_k) $(i, k=1, 2, \cdots, n)$ 在准则 c_j 下的和谐性指数和不和谐性指数。

准则 c_j 下方案对 (x_i, x_k) 的和谐性指数计算公式为：

$$c_j (\otimes u'_{ij}, \otimes u'_{kj}) = \frac{1}{l_{ij} \times l_{kj}} \sum_{g=1}^{l_{ij}} \sum_{h=1}^{l_{kj}} \widetilde{c}_j (\widetilde{\otimes} u'_{ijg}, \widetilde{\otimes} u'_{kjh}) \qquad (5\text{-}26)$$

其中，$\otimes u'_{ij} = \bigcup\limits_{g=1}^{l_{ij}} \otimes u'_{ijg}$，$\otimes u'_{kj} = \bigcup\limits_{k=1}^{l_{kj}} \otimes u'_{kjh}$，$\widetilde{c}_j (\widetilde{\otimes} u'_{ijg}, \widetilde{\otimes} u'_{kjh})$ 为准则 c_j 下 "$\widetilde{\otimes} u'_{ijg}$ 级别高于 $\widetilde{\otimes} u'_{kjh}$" 的程度，其计算公式为：

$$\widetilde{c}_j (\widetilde{\otimes} u'_{ijg}, \widetilde{\otimes} u'_{kjh}) = \begin{cases} 0, & p (\widetilde{\otimes} u'_{ijg} + p_j \geq \widetilde{\otimes} u'_{kjh}) \leq 0.5 \\ 1, & p (\widetilde{\otimes} u'_{ijg} + q_j \geq \widetilde{\otimes} u'_{kjh}) \geq 0.5 \\ \dfrac{p_j + \widetilde{\otimes} u'_{ijg} - \widetilde{\otimes} u'_{kjh}}{p_j - q_j}, & \text{其他} \end{cases} \qquad (5\text{-}27)$$

准则 c_j 下方案对 (x_i, x_k) 的不和谐性指数计算公式为：

$$d_j (\widetilde{\otimes} u'_{ij}, \widetilde{\otimes} u'_{kj}) = \frac{1}{l_{ij} \times l_{kj}} \sum_{g=1}^{l_{ij}} \sum_{h=1}^{l_{kj}} \widetilde{d}_j (\widetilde{\otimes} u'_{ijg}, \widetilde{\otimes} u'_{kjh}) \qquad (5\text{-}28)$$

其中，$\widetilde{\otimes} u'_{ij} = \bigcup\limits_{g=1}^{l_{ij}} \otimes u'_{ijg}$，$\widetilde{\otimes} u'_{kj} = \bigcup\limits_{g=1}^{l_{ij}} \otimes u'_{kj}$，$\widetilde{d}_j (\widetilde{\otimes} u'_{ijg}, \widetilde{\otimes} u'_{kjh})$ 为准则 c_j 下拒绝 "$\widetilde{\otimes} u'_{ijg}$ 级别高于 $\widetilde{\otimes} u'_{kj}$" 的程度，其计算公式为：

$$d_j\left(\widetilde{\otimes}u'_{ijg}, \widetilde{\otimes}u'_{kjh}\right) = \begin{cases} 0, & p\left(\widetilde{\otimes}u'_{ijg}+p_j \geqslant \widetilde{\otimes}u'_{kjh}\right) \geqslant 0.5 \\[2mm] 1, & p\left(\widetilde{\otimes}u'_{ijg}+v_j \geqslant \widetilde{\otimes}u'_{kjh}\right) \leqslant 0.5 \\[2mm] \dfrac{\widetilde{\otimes}u'_{kjh}-\widetilde{\otimes}u'_{ijg}-p_j}{v_j-p_j}, & \text{其他} \end{cases} \quad (5\text{-}29)$$

步骤3 计算各方案对 (x_i, x_k) $(i, k=1, 2, \cdots, n)$ 在准则 c_j 下的可信度指数、相对可信度指数和排序指数。

准则 c_j 下方案对 (x_i, x_k) 的可信度指数计算公式为：

$$s_j\left(u'_{ij}, u'_{kj}\right) =$$

$$\begin{cases} c_j\left(\otimes u'_{ij}, \otimes u'_{kj}\right), & p\left(d_j\left(\otimes u'_{ij}, \otimes u'_{kj}\right) \geqslant c_j\left(\otimes u'_{ij}, \otimes u'_{kj}\right) \leqslant 0.5 \\[2mm] c_j\left(\otimes u'_{ij}, \otimes u'_{kj}\right)\displaystyle\prod_{c_j}\dfrac{1-d_j\left(\otimes u'_{ij}, \otimes u'_{kj}\right)}{1-c_j\left(\otimes u'_{ij}, \otimes u'_{kj}\right)}, & \text{其他} \end{cases} \quad (5\text{-}30)$$

相对可信度指数 $rs_j\left(\otimes u'_{ij}, \otimes u'_{kj}\right)$ 和排序指数 $I_j\left(x_i\right)$ 计算公式为：

$$rs_j\left(\otimes u'_{ij}, \otimes u'_{kj}\right) = s_j\left(\otimes u'_{ij}, \otimes u'_{kj}\right) - s_j\left(\otimes u'_{kj}, \otimes u'_{ij}\right), \ i, k=1, 2, \cdots,$$

$$n, \ i \neq k \quad (5\text{-}31)$$

$$I_j\left(x_i\right) = \sum_{k=1, \ k \neq i}^{n} rs_j\left(\otimes u'_{ij}, \otimes u'_{kj}\right) \ i=1, 2, \cdots, n \quad (5\text{-}32)$$

步骤4 构建 SMAA-ELECTRE 模型。

由于权重信息不能完全确定，本步骤拟将随机多目标可接受度方法和经典的 ELECTRE 方法相结合，构建 SMAA-ELECTRE 模型对方案进行排序，使用 ELECTRE Ⅲ 中的排序指数取代原始 SMAA 中的效用函数。

首先，根据拥有较高最小和谐性指数的方案较优的原则，基于部分已知的权重信息，备选方案的排序可以通过下式得到：

$$rank\left(i, w\right) = 1+\sum_{k \neq i} \rho\left(\sum_j w_j I_j\left(x_i\right) > \sum_j w_j I_j\left(x_i\right)\right) \quad (5\text{-}33)$$

其中，ρ（*true*）=1，ρ（*false*）=0。各备选方案各个排序的权重空间可以表达为 $W_i=\{w \in W : \sum_j w_j I_j(x_i) > \sum_j w_j I_j(x_k)$，$i$，$k$=1，2，$\cdots$，$m\}$。

然后，计算方案 x_i 排名为 r 的可接受度 b^r_i：

$$b^r_i = \int_\xi f(\xi) \sum_{r=1}^k \int_{w^r_i(\xi)} f(w) \,\mathrm{d}w\mathrm{d}\xi \qquad (5\text{--}34)$$

其中，$f(w)$=1/*vol*（w）为总体权重空间的密度函数。

最后，计算中心权向量 w^k_i 和置信度 p^k_i：

$$w^k_i = \int_\xi f(\xi) \sum_{r=1}^k \int_{w^r_i(\xi)} f(w) \,\mathrm{d}w\mathrm{d}\xi / a^k_i \qquad (5\text{--}35)$$

$$p^k_i = \int_{\xi : rank(\xi_i, w^k_i) \le k} f(\xi) \,\mathrm{d}\xi \qquad (5\text{--}36)$$

步骤 5　对方案进行排序。

通过综合比较各方案的可接受度、中心权向量和置信度等三个指标值的大小对方案进行排序。

第一个评价指标是可接受度 b^r_i，在所有 b^r_i 中，最值得关注的是方案 x_i 排名为第一的可接受度 b^1_i。如果 b^1_i 的值接近于 1，则 a_i 将很有可能为最优方案；相反，如果 b_i 的值接近于 0，则 a_i 很难成为最优方案。简单来说，对于方案 a_i，其 b^1_i 值越高，其越有可能成为最优方案。

第二个评价指标是中心权向量 w^k_i，它反映了决策者的权重偏好。

第三个评价指标是置信度 p^k_i，它通常用来判断 a_i 为最优方案的准确程度。置信度越高，说明结果越可信。

5.2.3　算例分析

本节拟采用赫尔辛基污染土地清洁治理的多准则决策算例（改编自文献[93, 155]）来介绍基于 SMAA–ELECTRE 的灰色随机多准则决策方法。

芬兰的赫尔辛基市计划对工业污染区进行治理，有 3 家候选公

司 $X=\{x_1, x_2, x_3\}$ 想获得此项治理业务。来自不同领域的八位专家负责对候选公司进行评估，拟从成本、环境、创新、信誉和项目管理 $C=\{c_1, c_2, c_3, c_4, c_5\}$ 等五个方面（准则）对候选公司进行考察，选择治理污染区域能力最强的候选公司。各准则权重信息满足条件，$0.08 \leqslant w_1 \leqslant 0.38$，$0.19 \leqslant w_2 \leqslant 0.33$，$0.20 \leqslant w_3 \leqslant 0.42$，$0.06 \leqslant w_4 \leqslant 0.22$，$0.06 \leqslant w_5 \leqslant 0.15$。专家们对每家候选公司每个准则下的表现进行评估打分，得分范围为 [0, 100]，分值越高，则表示评价越好。专家给出的评价信息具有不确定性，有时候专家的意见不统一且无法达成共识，因此，评价值往往不是一个确定值而是处于一个或多个区间范围之内。

假设方案 x_i 在准则 c_j 下的评估值用连续型灰色随机变量 $\otimes u_{ij} = \bigcup_{k=1}^{l_{ij}} [a_{ijk}, b_{ijk}]$ 表示，其在取值范围之内服从均匀分布，概率密度函数为 $f_{ij}(\xi)$，满足 $\int_{-\infty}^{+\infty} f_{ij}(\xi) \mathrm{d}\xi = 1$。决策矩阵如表 5-1 所示。

表 5-1 连续型灰色随机决策矩阵

	x_1	x_2	x_3
c_1	[70, 75]	[65, 70]	[80, 85]
c_2	[70, 75] ∪ [78, 82]	[65, 70] ∪ [72, 78]	[75, 78] ∪ [82, 85]
c_3	[70, 75] ∪ [78, 80]	[75, 80] ∪ [81, 83]	[73, 75] ∪ [77, 80]
c_4	[80, 85]	[70, 75]	[65, 70]
c_5	[77, 80] ∪ [82, 85]	[70, 75] ∪ [79, 82]	[65, 70] ∪ [72, 77]

下面利用本节提出的方法对以上连续型灰色随机多准则决策问题进行求解。

步骤 1 规范化决策矩阵。

决策矩阵中评价值均为专家打分，均为效益型准则（分值越高越好），根据公式（5-24）对决策矩阵进行规范化处理后的决策矩阵如表 5-2 所示。

表5-2 规范化后的灰色随机决策矩阵

	x_1	x_2	x_3
c_1	[0.824，0.882]	[0.765，0.824]	[0.941，1.000]
c_2	[0.824，0.882] ∪ [0.918，0.965]	[0.765，0.824] ∪ [0.847，0.918]	[0.882，0.918] ∪ [0.965，1.000]
c_3	[0.843，0.904] ∪ [0.940，0.964]	[0.924，0.964] ∪ [0.976，1.000]	[0.880，0.904] ∪ [0.928，0.964]
c_4	[0.94，1.000]	[0.824，0.882]	[0.765，0.824]
c_5	[0.906，0.941] ∪ [0.965，1.000]	[0.824，0.882] ∪ [0.929，0.965]	[0.765，0.824] ∪ [0.847，0.906]

步骤2 计算各方案对（x_i，x_k）（i，k=1，2，3）在准则 c_j 下的和谐性指数和不和谐性指数。

首先，为方便起见，假设每个准则 c_j 下的偏好阈值、无差异阈值和否决阈值为 p_j=0.15，q_j=0.05，v_j=0.20。

然后，根据公式（5-26）和（5-28）计算每个准则下方案对的和谐性指数和不和谐性指数。如通过计算可以得到 c_1（x_1，x_2）=[1.000，1.000]，c_1（x_2，x_3）=[0.000，0.000]，c_3（x_1，x_2）=[0.555，1.070]；d_1（x_1，x_2）=[0.000，0.000]，d_2（x_2，x_3）=[-0.660，1.700]，d_3（x_1，x_2）=[0.000，0.000]。

步骤3 计算各方案对（x_i，x_k）（i，k=1，2，3）在准则 c_j 下的可信度指数、相对可信度指数和排序指数。

利用公式（5-30）～（5-32），可以计算得到各方案对（x_i，x_k）（i，k=1，2，3）在准则 c_j 下的可信度指数、相对可信度指数和排序指数。如通过计算可得 s_1（x_1，x_2）=[1.000，1.000]，s_1（x_2，x_3）=[0.000，0.000]，s_3（x_1，x_2）=[0.555，1.070]；rs_1（x_1，x_2）=[-0.500，0.670]，rs_1（x_2，x_3）=[-1.000，-1.000]，rs_3（x_1，x_2）=[-0.445，0.070]；I_1（x_1）=[-1.760，0.580]，I_1（x_3）=[1.090，2.260]，I_3（x_1）=[-0.657，0.220]。

步骤4 构建SMAA-ELECTRE模型。

将原始SMAA中的效用函数替换为ELECTRE Ⅲ中的排序指数，

构建 SMAA-ELECTRE 模型对方案进行排序，通过 MATLAB 工具进行计算，可以得到每个方案任意排名的可接受度、中心权向量和置信度，结果见表 5-3。

表 5-3 置信度、可接受度和中心权向量

方案	p	可接受度			中心权向量				
		b^1	b^2	b^3	c_1	c_2	c_3	c_4	c_5
x_1	0.29	0.20	0.51	0.29	0.16	0.25	0.31	0.16	0.12
x_2	0.14	0.06	0.28	0.66	0.14	0.36	0.36	0.14	0.12
x_3	0.85	0.74	0.21	0.05	0.21	0.29	0.29	0.13	0.11

步骤 5 对方案进行排序。

由表 5-3 中的数据可知，方案排序第一的可接受度达到了 0.74，远远超过了方案 x_1 的可接受度（0.20）和方案 x_2 的可接受度（0.06），由于本算例中方案数量较少，因此可以直接使用可接受度排名来判断方案的优劣，可以明显地看出方案排序结果为 $x_3 > x_1 > x_2$。置信度用来评价准则值测量的精确度，本实例中方案 x_3 的置信度为 0.85，说明结果非常精确。各准则的权重值可以描述决策者隐含的偏好信息，根据 SMAA-ELECTRE，可以计算得出每个方案每个准则权重的精确值，如由表中数据可知对于方案 1，各准则的权重信息分别为 0.16，0.25，0.31，0.16，0.12。

如果本例中权重信息是完全未知的，同样也可以采用 SMAA-ELECTRE 计算得到方案的排序结果，结果见表 5-4。

表 5-4 权重完全未知情况下的置信度、可接受度和中心权向量

方案	p	可接受度			中心权向量				
		b^1	b^2	b^3	c_1	c_2	c_3	c_4	c_5
x_1	0.96	0.53	0.26	0.21	0.18	0.14	0.16	0.27	0.25
x_2	0.59	0.17	0.46	0.37	0.16	0.13	0.40	0.12	0.18
x_3	0.84	0.30	0.27	0.43	0.25	0.34	0.17	0.11	0.13

由表 5-4 中结果可知，当准则权重信息完全不确定时，方案 1 的可接受度最高，为 0.53，高于方案 2 和方案 3，因此方案的排序发生了改变，排序结果变为 $x_1 > x_3 > x_2$。此时方案 1 的置信度高达 0.96，说明了结果的精确性。由此可见，决策者对准则的偏好信息可以对方案排序结果造成较大影响，决策者偏好信息掌握得越全面，决策结果就会越精确。在很多实际决策问题中，经常存在准则评价信息和决策者偏好信息缺失的情况，本节基于 ELECTRE Ⅲ 得到各方案各准则之间的优序关系，然后运用 SMAA 方法在权重信息不完全确定的情况下求得方案的排序，该方法对于含有灰色随机信息或其他多种信息形式的随机多准则决策问题提供了一种新的解决途径。

5.3 基于 SMAA-AD 的灰色随机多准则决策方法

本节拟将扩展灰数绝对优势关系模型和 SMAA 相结合，提出一种基于 SMAA-AD 的灰色随机多准则决策方法。

5.3.1 问题描述

设 $X=\{x_1, x_2, \cdots, x_n\}$ 为方案集，$C=\{c_1, c_2, \cdots, c_m\}$ 为评价准则集，$\boldsymbol{W}=(w_1, w_2, \cdots, w_m)$ 为准则集的权重，其中 $w_j \in [0, 1]$ 和 $\sum_{j=1}^{m} w_j=1$。假设决策者用扩展灰数 $\otimes u_{ij}=\bigcup_{g=1}^{l_{ij}} [a_{ijg}, b_{ijg}]$ 表示方案 x_i 在准则 c_j 下的评估值，满足 $a_{ij1} \leqslant a_{ij1} < a_{ij2} \leqslant a_{ij2} < \cdots < a_{ijl_j} \leqslant b_{ijl_{ij}}$。当 $\otimes u_{ij}$ 为连续型随机变量时，试根据决策矩阵为 $\boldsymbol{R}=(\otimes u_{ij})_{n \times m}$ 和不完全确定的权重信息提出有效决策方法对方案进行排序。

5.3.2 基于 SMAA-AD 的灰色随机多准则决策步骤

决策者可以很方便地用绝对优势值判断某个准则下某个方案比其

他所有方案占优的程度，本节将 SMAA 和绝对优势方法相结合，用于解决连续型灰色随机多准则决策问题，方法的具体实现步骤如下。

步骤 1　规范化决策矩阵。

根据公式（5-24）和（5-25）对连续型灰色随机决策矩阵进行规范化处理，规范化后的矩阵可以表示为 $N=(\otimes u'_{ij})_{n\times m}$，其中 $\otimes u'_{ij}=\bigcup\limits_{g=1}^{l_{ij}}[\underline{u}'_{ijg},\ \overline{u}'_{ijg}]$。

步骤 2　计算准则 c_j 下每个方案相对于其他所有方案的绝对优势值。

准则 c_j 下每个方案相对于其他所有方案的绝对优势值为：

$$V_{ij}=\sum_{k\neq i}V_{ikj} \tag{5-37}$$

其中，V_{ikj} 为准则 c_j 下方案 x_i 相对于方案 x_k 的绝对优先值，其计算公式为：

$$V_{ikj}=\frac{1}{l_{ij}\times l_{kj}}\sum_{g=1}^{l_{ij}}\sum_{h=1}^{l_{kj}}\iint_D(\widetilde{\otimes}u'_{ijg}-\widetilde{\otimes}u'_{kjh})f(\widetilde{\otimes}u'_{ijg},\ \widetilde{\otimes}u'_{kjh})\ \mathrm{d}(\widetilde{\otimes}u'_{ijg})$$
$$\mathrm{d}(\widetilde{\otimes}u'_{kjh}) \tag{5-38}$$

其中，$\widetilde{\otimes}u'_{ijg}=[\underline{u}'_{ijg},\ \overline{u}'_{ijg}]$ 和 $\widetilde{\otimes}u'_{kjh}=[\underline{u}'_{kjh},\ \overline{u}'_{kih}]$ 分别为扩展灰数 u'_{ij} 和 u'_{kj} 的子集。$D=\{(\widetilde{\otimes}u'_{ijg}-\widetilde{\otimes}u'_{kjh})|\underline{u}_{ijg}\leq\widetilde{\otimes}u'_{ijg}\leq\overline{u}_{ijg},\underline{u}_{kjh}\leq\widetilde{\otimes}u'_{kjh}\leq\overline{u}_{kjh},p(\widetilde{\otimes}u'_{ijg}\geq\widetilde{\otimes}u'_{kih})>0.5\}$。若 $\widetilde{\otimes}u'_{ijg}$ 和 $\widetilde{\otimes}u'_{kjh}$ 相互独立，则联合概率密度函数 $f(\widetilde{\otimes}u'_{ijg},\widetilde{\otimes}u'_{kjh})=f(\widetilde{\otimes}u'_{ijg})f(\widetilde{\otimes}u'_{kjh})$。实际准则值在扩展灰数随机变量内有可能服从均匀分布或正态分布，因此相应的概率密度函数分别为：

$$f(\widetilde{\otimes}u'_{ijg})=$$

$$\begin{cases}\dfrac{1}{\underline{u}_{ijg}-\overline{u}_{ijg}},\ \underline{u}_{ijg}\leq\widetilde{\otimes}u'_{ijg}\leq\overline{u}_{ijg}\ 1\leq i\leq n,\ 1\leq j\leq m,\ 1\leq g\leq l_{ij} \\ 0,\ 其他\end{cases} \tag{5-39}$$

和

$$f(\widetilde{\otimes}u'_{ijg})=\begin{cases}\dfrac{1}{\sqrt{2\pi}\sigma_{ijg}}\exp[-(x-u_{ijg})^2/2(\sigma_{ijg})^2],\underline{u}_{ijg}\leq\widetilde{\otimes}u'_{ijg}\leq\overline{u}_{ijg} \\ 0,\ 其他\end{cases} \tag{5-40}$$

其中，$1 \leq i \leq n$，$1 \leq j \leq m$，$1 \leq g \leq l_{ij}$。均值 $u'_{ijg} = (\underline{u}'_{ijg} + \overline{u}'_{ijg})/2$，方差 $\sigma_{ijg} = (\underline{u}'_{ijg} - \overline{u}'_{ijg})/6$。

步骤 3　构建 SMAA-AD 模型。

若权重可知，则根据准则权重信息对每个准则下每个方案相对于其他所有方案的绝对优势值进行加权集结就可以很方便地对方案进行排序。然而，在实际决策中，准则权重信息往往是完全未知或部分已知的，因此，本步骤拟构建 SMAA-AD 模型对方案进行排序，使用每个方案在每个准则下的绝对优势值取代原始 SMAA 中的效用函数。

首先，根据绝对优势值越高方案越优的原则，基于部分已知的权重信息，构建备选方案的排序公式：

$$rank(i,w) = 1 + \sum_{k \neq i} \rho \left(\sum_j w_j V_{ij} > \sum_j w_j V_{kj} \right) \qquad (5\text{-}41)$$

其中，$\rho(true) = 1$，$\rho(false) = 1$。各备选方案各个排序的权重空间可以表达为 $W_j = \{w \in W : \sum_j w_j V_{ij} > \sum_j w_j V_{kj}, i, k = 1, 2, \cdots, m\}$。

然后，计算方案 x_i 排名为 r 的可接受度 b'_i：

$$b'_i = \int_{w \in W_i} f_W(w)\, \mathrm{d}w \qquad (5\text{-}42)$$

其中，$f_W(w) = 1/vol(w)$ 为总体权重空间的密度函数。

最后，计算方案 x_i 能取得前 k 名的可接受度为 a_i^k 和中心权向量 $\boldsymbol{w}_i^k$：

$$a_i^k = \sum_{r=1}^{k} b'_i \qquad (5\text{-}43)$$

$$\boldsymbol{w}_i^k = \sum_{r=1}^{k} \int_{W_i} f(w)\, \mathrm{d}w/a_i^k \qquad (5\text{-}44)$$

步骤 4　对方案进行排序。

通过综合比较各方案的可接受度、中心权向量和置信度等三个指标值的大小对方案进行排序。

第一个评价指标是可接受度 b^r_i，在所有 b^r_i 中，最值得关注的是方案 x_i 排名为第一的可接受度 b^1_i。如果 b^1_i 的值接近于 1，则 a_i 将很有可能为最优方案；相反，如果 b^1_i 的值接近于 0，则 a_i 很难成为最优方案。简单来说，对于方案 a_i，其 b^1_i 值越高，其越有可能成为最优方案。

第二个评价指标是中心权向量 w^k_i，它反映了决策者的权重偏好。

第三个评价指标是置信度 p^k_i，它通常用来判断 a_i 为最优方案的准确程度。置信度越高，说明结果越可信。

5.3.3 算例分析

本节拟采用森林生态系统管理应用的多准则决策算例（改编自文献[90]）来说明基于 SMAA-AD 的灰色随机多准则决策方法的应用。

为了对森林生态系统进行评价，我们考虑 5 个候选方案 $X=\{x_1, x_2, x_3, x_4, x_5\}$，5 个评价准则 $C=\{c_1, c_2, c_3, c_4, c_5\}$。其中，准则 c_1 表示规划期内的伐木净收入，准则 c_2 表示规划期后的有效森林总容量，准则 c_3 表示重建成本，准则 c_4 表示异种的生存能力，准则 c_5 表示对沿岸区域造成环境危害的风险。专家们对每个候选方案每个准则下的表现进行评价。每个方案每个准则下的评估值可以用扩展灰数随机变量表示，具体评估值如表 5-5 所示。请在各准则的权重信息完全未知的情况下确定最优方案。

表 5-5　森林生态系统灰色随机决策矩阵

	c_1	c_2	c_3	c_4	c_5
x_1	[0.788, 1.464]	[93.1, 1.186.2]	[2.3, 2.7] ∪ [3.2, 3.8]	{10}	[1.5, 1.8] ∪ [2.2, 3.5]
x_2	[0.477, 0.885]	[107.8, 215.6]	[1.4, 1.6] ∪ [2.1, 2.9]	{8}	[2.1, 2.3] ∪ [2.8, 3.0]
x_3	[0.686, 1.274]	[86.1, 172.2]	[2.2, 2.8] ∪ [3.3, 3.7]	{9}	[2.0, 2.3] ∪ [3.0, 3.5]
x_4	[0.382, 0.710]	[100.1, 1200.2]	[1.5, 1.7] ∪ [2.1, 2.7]	{5}	[2.5, 2.8] ∪ [3.0, 3.2]
x_5	[0.307, 0.569]	[76.3, 152.6]	[1.7, 1.9] ∪ [2.0, 2.4]	{7}	[1.8, 2.2] ∪ [2.5, 2.8]

步骤 1 规范化决策矩阵。

在本例中，伐木净收入（c_1）和有效森林总容量（c_2）是效益型准则，重建成本（c_3）、异种的生存能力（c_4）和对沿岸区域造成环境危害的风险（c_5）是成本型准则。根据公式（5-24）和（5-25）对决策矩阵进行规范化处理，处理后的决策矩阵如表 5-6 所示。

表 5-6（1） 规范化后的灰色随机决策矩阵

	c_1	c_2	c_3
x_1	[0.538，1.000]	[0.432，0.864]	[0.368，0.438] ∪ [0.519，0.609]
x_2	[0.326，0.605]	[0.500，1.000]	[0.483，0.667] ∪ [0.875，1.000]
x_3	[0.469，0.870]	[0.399，0.799]	[0.378，0.424] ∪ [0.500，0.636]
x_4	[0.261，0.485]	[0.464，0.929]	[0.519，0.667] ∪ [0.824，0.933]
x_5	[0.210，0.389]	[0.354，0.708]	[0.583，0.700] ∪ [0.737，0.824]

表 5-6（2） 规范化后的灰色随机决策矩阵

	c_4	c_5
x_1	{0.500}	[0.600，0.682] ∪ [0.833，1.000]
x_2	{0.625}	[0.500，0.536] ∪ [0.652，0.714]
x_3	{0.556}	[0.429，0.500] ∪ [0.652，0.750]
x_4	{1.000}	[0.449，0.500] ∪ [0.536，0.600]
x_5	{0.714}	[0.536，0.600] ∪ [0.682，0.833]

步骤 2 计算准则 c_j 下每个方案相对于其他所有方案的绝对优先值。

假设实际准则值在扩展灰数随机变量内服从均匀分布，根据公式（5-37）～（5-39），可以计算得到准则 c_j 下每个方案相对于其他所有方案的绝对优先值，结果见表 5-7。

表 5-7 绝对优势值矩阵

	c_1	c_2	c_3	c_4	c_5
x_1	1.269	0.166	0.080	0.000	0.800
x_2	0.259	0.526	0.759	0.194	0.196
x_3	0.871	0.068	0.042	0.056	0.185
x_4	0.074	0.312	0.667	1.605	0.044
x_5	0.000	0.000	0.582	0.461	0.370

步骤 3　构建 SMAA–AD 模型。

将原始 SMAA 中的效用函数替换为绝对优势值，构建 SMAA–AD 模型对方案进行排序，通过 MATLAB 工具进行计算，可以得到每个方案排名为 r（$r=1$，2，3，4，5）的可接受度和取得前 k（$k=1$，2，3，4，5）名的可接受度，结果见表 5–8。

步骤 4　对方案进行排序。

通过表 5–8 中的数据进行分析可知，方案 x_1 取得前一名的可接受度最大，其值为 0.38；剩余方案中 x_2 取得前二名的可接受度最大，其值为 0.71。以此类推，可以得到所有方案的排序结果为 $x_1 > x_2 > x_4 > x_5 > x_3$。因此，最优方案为方案 1。

表 5–8　各方案可接受度

方案	方案排名为 r 的可接受度					方案取得前 k 名的可接受度				
	b^1	b^2	b^3	b^4	b^5	a^1	a^2	a^3	a^4	a^5
x_1	0.38	0.16	0.23	0.23	0.00	0.38	0.54	0.77	1.00	1.00
x_2	0.31	0.40	0.20	0.09	0.00	0.31	0.71	0.91	1.00	1.00
x_3	0.00	0.07	0.07	0.20	0.67	0.00	0.07	0.14	0.34	1.00
x_4	0.31	0.32	0.20	0.13	0.04	0.31	0.63	0.83	0.96	1.00
x_5	0.00	0.06	0.30	0.35	0.29	0.00	0.06	0.36	0.71	1.00

以上实例分析说明了权重完全未知的情况下本章所提出的 SMAA–AD 方法能较好地解决灰色随机多准则决策问题，如果能得到更全面的权重信息，则排序结果会越精确。

5.4　比较分析

为了证明本章所提出的基于 SMAA 的灰色随机多准则决策方法的有效性和科学性，本节拟使用基于 SMAA–PROMETHEE[94] 的多准则决策方法解决 5.2.3 小节中实例问题，并与本章所提出的两种方法进行比较分析。因文献[94]中提出的 SMAA–PROMETHEE 方法是用于处理准则值为区间数的多准则决策问题，为方便比较，拟通过取 5.2.3 小节实例中扩展灰数评价值的最大和最小值将其转化为区间灰数评价值形式，转化后的区间灰数决策矩阵如表 5-9 所示。

表 5-9 区间灰数随机决策矩阵

	x_1	x_2	x_3
c_1	[70，75]	[65，70]	[80，85]
c_2	[70，82]	[65，78]	[75，85]
c_3	[70，80]	[78，83]	[73，80]
c_4	[80，85]	[70，75]	[65，70]
c_5	[77，85]	[70，82]	[65，77]

基于 SMAA-PROMETHEE 的随机多准则决策具体步骤如下：

首先，根据公式（5-24）对区间灰数决策矩阵进行规范化处理，规范化后的决策矩阵如表 5-10 所示。

表 5-10 规范化后的区间灰数随机决策矩阵

	x_1	x_2	x_3
c_1	[0.824，0.882]	[0.765，0.824]	[0.941，1.000]
c_2	[0.824，0.965]	[0.765，0.918]	[0.882，1.000]
c_3	[0.843，0.964]	[0.940，1.000]	[0.880，0.964]
c_4	[0.941，1.000]	[0.824，0.882]	[0.765，0.824]
c_5	[0.906，1.000]	[0.824，0.965]	[0.765，0.906]

然后，根据文献[94]中选择的偏好函数计算各准则下各方案对的偏好值。最后，将 SMAA 和 PROMETHEE 方法相结合对方案进行排序。通过计算，可以得到每个方案任意排名的可接受度、中心权向量和置信度，结果见表 5-11。

表 5-11 置信度、可接受度和中心权向量（基于 SMAA-PROMETHEE 方法）

方案	p	可接受度			中心权向量				
		b^1	b^2	b^3	c_1	c_2	c_3	c_4	c_5
x_1	0.38	0.38	0.33	0.42	0.25	0.26	0.30	0.15	0.12
x_2	0.17	0.17	0.13	0.22	0.65	0.26	0.32	0.14	0.12
x_3	0.64	0.64	0.55	0.35	0.10	0.25	0.29	0.12	0.11

由表 5-11 中的数据可知,方案 x_3 排序第一的可接受度最大,其值为 0.55;方案 x_1 排序第二的可接受度最大,其值为 0.42;方案 x_2 排序第三的可接受度最大,其值为 0.65。因此方案排序结果为 $x_3 > x_1 > x_2$。此时,方案 x_3 的置信度为 0.64,说明结果足够精确。

为了方便比较,本节分别使用 SMAA-ELECTRE 和 SMAA-AD 方法解决准则值转化为区间灰数的决策问题,计算得到每个方案任意排名的可接受度、中心权向量和置信度,结果如表 5-12 和 5-13 所示。

表 5-12　置信度、可接受度和中心权向量(基于 SMAA-ELECTRE 方法)

方案	p	可接受度			中心权向量				
		b^1	b^2	b^3	c_1	c_2	c_3	c_4	c_5
x_1	0.38	0.38	0.33	0.42	0.25	0.26	0.30	0.15	0.12
x_2	0.17	0.17	0.13	0.22	0.65	0.26	0.32	0.14	0.12
x_3	0.64	0.64	0.55	0.35	0.10	0.25	0.29	0.12	0.11

表 5-13　置信度、可接受度和中心权向量(基于 SMAA-AD 方法)

方案	p	可接受度			中心权向量				
		b^1	b^2	b^3	c_1	c_2	c_3	c_4	c_5
x_1	1.00	0.06	0.59	0.35	0.13	0.25	0.29	0.20	0.13
x_2	1.00	0.11	0.28	0.61	0.12	0.23	0.39	0.15	0.12
x_3	1.00	0.83	0.13	0.04	0.21	0.26	0.29	0.13	0.12

通过比较分析,可以得到以下结论:

(1)当处理同一个实例时,使用基于 SMAA-PROMETHEE 的多准则决策方法和本章所提出的基于 SMAA-ELECTRE 和基于 SMAA-AD 的灰色随机多准则决策方法得到的排序结果保持一致,即方案排序为 $x_3 > x_1 > x_2$ 且 x_3 为最佳方案。然而,使用本章所提出的两种方法计算得到的置信度更高,说明了本章所提出方法的有效性和科学性。

(2)基于 SMAA-PROMETHEE 的方法仅能处理准则值为区间灰

数的决策问题，而本章所提出的基于 SMAA-ELECTRE 和 SMAA-AD 的方法不仅能处理准则值为区间灰数的决策问题，还能较好解决准则值为扩展灰数的决策问题。区间灰数可以视为扩展灰数的特殊情况，因此，本章所提出的方法更具优势，应用更加广泛。

（3）这三种方法虽然均基于灰数关系模型和 SMAA 提出，但是还存在一些不同之处。基于 SMAA-PROMETHEE[94] 的方法使用出流、入流和净流值的大小对方案进行排序，其优序关系的判断涉及偏好阈值和无差异阈值；基于 SMAA-ELECTRE 的方法使用和谐性指数、不和谐性指数、可信度指数和排序指数对方案进行排序，其优序关系的判断涉及偏好阈值、无差异阈值和否决阈值；基于 SMAA-AD 的方法使用绝对优势值对方案进行排序，其绝对优势关系的判断不涉及任何阈值或参数。

5.5　本章小结

针对评价信息为扩展灰数的连续型灰色随机多准则决策问题，本章分别基于优序关系模型和绝对优势关系模型提出了两种方法。在基于 SMAA-ELECTRE 的灰色随机多准则决策方法中，提出了扩展灰数优序关系模型，定义了扩展灰数和谐性指数、不和谐性指数、可信度指数、相对可信度指数和排序指数，然后用排序指数取代原始 SMAA 中的效用函数，提出 SMAA-ELECTRE 模型来解决灰色随机多准则决策问题。在基于 SMAA-AD 的灰色随机多准则决策方法中，首先利用绝对优势方法判断每个准则下每个方案评价值相对于其他所有方案的绝对优势值，然后将计算所得绝对优势值替换原 SMAA 方法中的效用函数，通过逆权重空间的方法计算各备选方案的可接受度并对方案进行排序。基于 SMAA 的灰色随机多准则决策方法能有效地解决评价信息和决策者偏好不确定情况下的决策问题，有着广泛的应用领域，其最大优势在于可以根据获取信息的详尽程度得到不同精度的决策结果。

6 基于有限理性的灰色随机多准则决策方法

和其他学科一样，决策学也存在两种不同的研究维度，一种立足于完全理性的假定基础上，论述人们应该如何进行决策，这是规范性理论的基本方向；另一种研究从实证的角度出发描述人们在实际生活中是如何决策的，这是描述性理论的基本思想。规范性理论首先假定决策者是完全理性的，信息是完备的，决策时间是充分的，因此能够完全按照理论的指导做出理性选择，同时规范性理论也保证了这样的选择就是最优化的决策方案；而描述性理论则认为决策者不可能是完全理性的，信息是不完全的而且决策时间不一定充分，因此在实际决策过程中，人们不可能如规范性理论所指导的那样做出选择，要对人们实际如何决策进行描述就必须重新审视决策中的其他因素，如决策者的心理、风险态度等等。

针对实际决策时决策者无法做到完全理性这种情形，Simon[156]提出了有限理性理论。随后，有限理性被越来越多地应用到了多准则决策领域。目前，比较常见的有限理性行为决策理论包括前景理论[125, 157]和后悔理论[126, 127]。不论是前景理论还是后悔理论都遵循了期望效用理论的基本框架[128]，但是两者都考虑了期望效用理论所不能预测的行为。例如，在前景理论中，研究者使用价值函数和概率权重函数代替期望效用理论中的效用和可能度。在后悔理论中，研究者通过使用效用值和后悔－欣喜值对期望效用理论进行了修正。

在前景理论中，决策者需要指定一个或者多个参考点，而且前景值的计算涉及多个参数，参数的确定存在一定的困难而且计算也较为复杂。相对前景理论，后悔理论具有一定的优势，其不需要指定参考点，且决策者的感知效用函数的计算只涉及风险规避系数和后悔规避系数等两个参数。总之，两种方法各有特点，均受到了研究者的欢迎并被广泛应用到各个领域。

本章将从有限理性角度出发，分别应用前景理论和后悔理论提出基于有限理性的灰色随机多准则决策方法。具体内容安排如下：第一节将前景理论和 SMAA 相结合，提出一种灰色随机多准则决策方法，并进行实例分析；第二节将后悔理论应用到灰色随机多准则决策问题中，结合 TOPSIS 方法提出一种灰色随机多准则决策方法并进行实例分析；第三节将分析前景理论基础上提出的 TODIM 方法，将其和 Hurwicz 准则相结合提出一种灰色随机多准则决策方法，并进行实例分析。第四节将对本章进行小结。其中，第一节、第二节和第三节的内容已经形成小论文并已发表在 *The Journal of Grey System*、*International Journal of Machine Learning and Cybernetics* 和《控制与决策》等刊物上。

6.1 基于前景理论和 SMAA 的灰色随机多准则决策方法

Kahnemann 和 Tversky 从心理学的角度出发构建了前景理论，其在形式上保留了概率和价值共同构成决策的关键因素，对于人们的实际决策行为更具描述力，能有效地对人们的决策做出较为恰当的预测。本节拟提出基于前景理论和 SMAA 的灰色随机多准则决策方法解决评价值为扩展灰数的灰色随机多准则决策问题。

6.1.1 问题描述

设 $X=\{x_1,\ x_2,\ \cdots,\ x_n\}$ 为备选方案集，$C=\{c_1,\ c_2,\ \cdots,\ c_n\}$ 为彼此独立的准则集，准则权重信息为 $\boldsymbol{W}=(w_1,\ w_2,\ \cdots,\ w_m)$，满足 $w_j \in [0,\ 1]$ 和 $\sum_{j=1}^{m} w_j=1$。各备选方案有可能存在种不同的自然状态，设 $\varTheta_j=(\theta_1,\ \theta_2,\ \cdots,\ \theta_{lj})$ 表示准则 c_j 下可能存在的状态，且各状态的概率已知。假设方案 x_i 在准则 c_j 下的评估值用扩展灰数 $\otimes u_{ij}$ 来表示，当处于第 t 个状态时其可以表示为 $\otimes u_{ij}^t=\bigcup_{k=1}^{l_{ij}} [a_{ijk}^t,\ b_{ijk}^t]$，且 $a_{ij1}^t \leqslant b_{ij1}^t < a_{ij2}^t \leqslant b_{ij2}^t < \cdots < a_{ijl_{ij}}^t \leqslant b_{ijl_{ij}}^t$，因此，扩展灰数决策矩阵可以表示为 $\boldsymbol{R}^t=(\otimes u_{ij}^t)_{n \times m}$。在各准则权重信息未知的情况下，请确定方案集的排序并选择出最优方案。

6.1.2 基于前景理论和 SMAA 的灰色随机多准则决策步骤

对于上一小节描述的问题，本节给出基于前景理论和 SMAA 的灰色随机多准则决策的具体步骤。

步骤 1　规范化决策矩阵。

由于准则存在不同的类型，决策矩阵需要规范化使得各准则之间是可比的。根据公式（3-19）和（3-20），分别对效益型和成本型准则进行规范化处理，规范化后的矩阵可以表示为 $\boldsymbol{N}^t=(\otimes r_{ij}^t)_{n \times m}$，其中

$\otimes r_{ij}^t = \bigcup\limits_{k=1}^{l_{ij}} [\underline{r}_{ijk}^t, \ \overline{r}_{ijk}^t]$。

步骤 2 计算前景值。

在前景理论中，参考点的选择尤为重要，其选取往往取决于决策者的风险偏好和心理状态。大多数研究选择了使用稳定的参考点，如均值等，然而参考点不一定是稳定的[90]。因此，在本步骤中，将考虑多个参考点，即选择其他方案的评价值作为参考点。

因此，方案 x_i 针对准则 c_j 的前景值计算公式定义如下：

$$V_{ij} = \sum_t \sum_h v \left(\otimes r_{ijh}^t \right) \pi_{ijh} \left(p_t \right), \ h=1, \ 2, \ \cdots, \ m, \ and \ h \neq i \quad (6\text{-}1)$$

其中，价值函数为：

$$v(r_{ijh}^t) = \begin{cases} \left(\otimes r_{ij}^t - \otimes r_{hj}^t \right)^\alpha & \otimes r_{ij}^t > \otimes r_{hj}^t \ or \ p \left(\otimes r_{ij}^t \geq \otimes r_{hj}^t \right) \geq 0.5 \\ -\sigma \left(\otimes r_{hj}^t - \otimes r_{ij}^t \right)^\beta & \otimes r_{ij}^t < \otimes r_{hj}^t \ or \ p \left(\otimes r_{ij}^t \geq \otimes r_{hj}^t \right) < 0.5 \end{cases} \quad (6\text{-}2)$$

概率权重函数为：

$$\pi_{ijh} \left(p_t \right) =$$
$$\begin{cases} \dfrac{(p_t)^\tau}{\left((p_t)^\tau + (1-p_t)^\tau \right)^{1/\tau}} & \otimes r_{ij}^t > \otimes r_{hj}^t \, or \ p \left(\otimes r_{ij}^t \geq \otimes r_{hj}^t \right) \geq 0.5 \\ \dfrac{(p_t)^\delta}{\left((p_t)^\delta + (1-p_t)^\delta \right)^{1/\delta}} & \otimes r_{ij}^t < \otimes r_{hj}^t \, or \ p \left(\otimes r_{ij}^t \geq \otimes r_{hj}^t \right) < 0.5 \end{cases} \quad (6\text{-}3)$$

根据以上公式可以计算得到方案 x_i 针对准则 c_j 的前景值，计算公式为 $p_{ij} = \bigcup\limits_{k_1=1}^{l_{ij}} [c_{ijk_1}, \ d_{ijk_1}]$。

步骤 3 构建 SMAA-PT 模型。

由于决策问题权重信息不完全确定，因而无法直接用前景理论进行处理。随机多目标可接受度是一种能较好的解决信息大量缺失情况下的决策问题的方法，因此，本步骤拟将 SMAA 和前景理论相结合，构建 SMAA-PT 模型对决策方案进行排序。在 SMAA-PT 模型中，拟使用方案前景值代替原始 SMAA 方法中的效用函数。

首先，根据拥有较高前景值的方案较优的原则，基于部分已知或完全未知的准则权重信息，备选方案的排序可以通过下式计算得到：

$$rank（i, w）=1+\sum_{k \neq i} \rho （\sum_j w_j p_{ij}>\sum_j w_j p_{kj}）\qquad（6-4）$$

其中，$\rho（true）=1$，$\rho（false）=0$。各备选方案各个排序的权重空间可以表达为 $W_j=\{w \in W：\sum_j w_j p_{ij}>\sum_j w_j p_{kj}, i, k=1, 2, \cdots, m\}$。

然后，计算方案 x_i 排名为 r 的可接受度 b^r_i，假设前景值在取值范围内的概率密度函数为 $f_{ij}（x）$，则 b^r_i 的计算公式为：

$$b^r_i=\int_x f_{ij}（x）\int_{w \in w_i} f_W（w）dwdx \qquad（6-5）$$

其中，$f_W（w）=1/vol（W）$ 为总体权重空间的密度函数。最后，计算方案 x_i 能取得前 k 名的可接受度 a^k_i、中心权向量 w^k_i 以及置信度 p^k_i，计算公式如下：

$$a^k_i=\sum_{r=1}^k b^r_i \qquad（6-6）$$

$$w^k_i=\int_x f_{ij}（x）\sum_{r=1}^k \int w^r_{i（x）} f（w）dwdx/a^k_i \qquad（6-7）$$

$$p^k_i=\int_{x:rank（x_i、w^1_i） \leq k} f_{ij}（x）dx \qquad（6-8）$$

步骤 4　对方案进行排序。

通过综合比较各方案的可接受度、中心权向量和置信度等三个指标值的大小对方案进行排序。

第一个评价指标是可接受度 b^r_i，在所有 b^r_i 中，最值得关注的是方案 x_i 排名为第一的可接受度 b^1_i。如果 b^1_i 的值接近于 1，则 a_i 将很有可能为最优方案；相反，如果 b^1_i 的值接近于 0，则 a_i 很难成为最优方案。简单来说，对于方案 a_i，其 b^1_i 值越高，其越有可能成为最优方案。

第二个评价指标是中心权向量 w^k_i，它反映了决策者的权重偏好。

第三个评价指标是置信度 p_i^k，它通常用来判断 a_i 为最优方案的准确程度。置信度越高，说明结果越可信。

6.1.3 算例分析

本小节拟通过改编文献[117]中的算例来说明基于前景理论和 SMAA 的灰色随机多准则决策方法的有效性和可行性。

例 6-1[117] 假设一投资银行拟从 3 家公司 $X=\{x_1,\ x_2,\ x_3\}$ 中选择一个投资对象，考虑 3 个准则：准则 c_1 为年产品收入；准则 c_2 为社会效益；准则 c_3 为环境污染程度。这 3 家公司都面临 3 种未来市场状态：状态 θ_1 表示较好；状态 θ_2 表示一般；状态 θ_3 表示较差。各自然状态发生的概率为确定值，分别为 $p_1=0.4$，$p_2=0.2$ 和 $p_3=0.4$。假设各方案在各准则下的评估值为扩展灰数形式，且扩展灰数随机变量服从均匀分布。这 3 家公司的决策信息如表 6-1 所示，请根据以上信息对方案进行排序并选择最优方案。

表 6-1　准则值为扩展灰数的决策矩阵

C		x_1	x_2	x_3
c_1	θ_1	$\{2.7\} \cup [3.0,\ 3.2]$	$\{2.5\} \cup [2.7,\ 3.0]$	$\{3.1\} \cup [3.4,\ 3.7]$
	θ_2	$\{3.0\} \cup [3.3,\ 3.5]$	$\{2.1\} \cup [3.1,\ 3.3]$	$[2.9,\ 3.0] \cup \{3.5\}$
	θ_3	$\{2.8\} \cup [3.0,\ 3.2]$	$\{2.7\} \cup [3.1,\ 3.3]$	$\{2.9\} \cup [3.3,\ 3.5]$
c_2	θ_1	$\{2.8\} \cup [3.5,\ 4.0]$	$[3.5,\ 3.9] \cup [4.4,\ 4.5]$	$\{2.8\} \cup [3.3,\ 3.5]$
	θ_2	$[3.7,\ 4.0] \cup [4.1,\ 4.4]$	$[3.7,\ 3.9] \cup [4.4,\ 4.5]$	$[2.6,\ 3.1] \cup [3.3,\ 3.5]$
	θ_3	$[3.3,\ 3.8] \cup \{4.0\}$	$[3.8,\ 4.1] \cup \{4.3\}$	$[3.2,\ 3.7] \cup [4.2,\ 4.5]$
c_3	θ_1	$[0.25,\ 0.4] \cup [0.6,\ 1.0]$	$[0.4,\ 0.5] \cup [0.6,\ 0.75]$	$[0.2,\ 0.3] \cup [0.4,\ 0.6]$
	θ_2	$[0.1,\ 0.25] \cup [0.5,\ 0.6]$	$[0.3,\ 0.4] \cup [0.6,\ 0.75]$	$[0.25,\ 0.4] \cup \{0.5\}$
	θ_3	$[0.4,\ 0.6] \cup \{0.75\}$	$[0.25,\ 0.4] \cup \{0.5\}$	$[0.2,\ 0.4] \cup [0.6,\ 0.65]$

在权重信息部分已知或完全已知的情况下，根据所提供信息对方案进行排序的步骤如下所示。

步骤 1　规范化决策矩阵。

在本例中，年产品收入（c_1）和社会效益（c_2）是效益型准则，而环境污染程度（c_3）是成本型准则，需要对各准则信息进行规范化处理以使得信息具有可比性。根据公式（3-19）和（3-20），分别对效益型准则和成本型准则进行规范化处理，规范化后的决策矩阵如表 6-2 所示。

表 6-2　规范化后的决策矩阵

C		x_1	x_2	x_3
c_1	θ_1	{0.730} ∪ [0.811, 0.865]	{0.676} ∪ [0.730, 0.811]	{0.838} ∪ [0.919, 1.000]
	θ_2	{0.857} ∪ [0.943, 1.000]	{0.600} ∪ [0.886, 0.914]	[0.829, 0.857] ∪ {1.000}
	θ_3	{0.800} ∪ [0.857, 0.914]	{0.771} ∪ [0.886, 0.943]	{0.829} ∪ [0.943, 1.000]
c_2	θ_1	{0.622} ∪ [0.778, 0.889]	[0.778, 0.867] ∪ [0.978, 1.000]	{0.622} ∪ [0.733, 0.778]
	θ_2	[0.822, 0.889] ∪ [0.911, 0.978]	[0.822, 0.876] ∪ [0.978, 1.000]	[0.578, 0.689] ∪ [0.733, 0.778]
	θ_3	[0.733, 0.844] ∪ {0.889}	[0.844, 0.911] ∪ {0.956}	[0.711, 0.822] ∪ [0.933, 1.000]
c_3	θ_1	[0.200, 0.333] ∪ [0.500, 0.800]	[0.267, 0.333] ∪ [0.400, 0.500]	[0.333, 0.500] ∪ [0.667, 1.000]
	θ_2	[0.167, 0.200] ∪ [0.400, 1.000]	[0.133, 0.167] ∪ [0.250, 0.333]	{0.200} ∪ [0.250, 0.400]
	θ_3	{0.267} ∪ [0.333, 00.500]	{0.400} ∪ [0.500, 0.800]	[0.308, 0.333] ∪ [0.500, 1.000]

步骤 2　计算前景值。

考虑到决策者的有限理性，通过公式（6-2）~（6-3）计算概率权重函数和价值函数，进而通过公式（6-3）得到方案 x_i 针对准则 c_j 的前景值。根据定理 2-1，计算得到的数据需要进行一些调整，即当计算结果中多个区间灰数之间出现元素重叠时，需要将其合并为一个区间灰数，如通过计算可知方案 x_2 针对准则 c_2 的前景值计算结果为 V_{22}=[-0.082, 0.239] ∪ [-0.058, 0.251] ∪ 0.008, 0.291] ∪ [0.032, 0.303]，经过调整，V_{22} 变为 [-0.082, 0.303]。通过计算和调整，得到前景值矩阵，结果见表 6-3。

表 6-3　前景值矩阵

	x_1	x_2	x_3
c_1	[−0.534，−0.021]	[−0.459，−0.093]	[−1.524，0.448]
c_2	[−0.817，−0.271]	[−0.082，−0.303]	[−2.126，−0.417]
c_3	[0.127，0.435]	[−0.758，−0.051]	[−0.152，0.979]

步骤 3　构建 SMAA–PT 模型。

将原始 SMAA 中的效用函数替换为前景值，构建 SMAA–PT 模型对方案进行排序，通过 MATLAB 工具进行计算，可以得到每个方案任意排名的可接受度、中心权向量和置信度，若各准则的权重为区间值，即准则 c_1 的权重为 w_1=[0.2，0.4]，准则 c_2 的权重为 w_2=[0.1，0.3]、准则 c_3 的权重为 w_3=[0.4，0.6]，则计算结果见表 6-4。

表 6-4　置信度、可接受度和中心权向量

方案	P	可接受度			中心权向量		
		b^1	b^2	b^3	c_1	c_2	c_3
x_1	0.66	0.65	0.34	0.01	0.30	0.20	0.50
x_2	0.03	0.01	0.30	0.68	0.30	0.24	0.46
x_3	0.33	0.34	0.36	0.30	0.30	0.19	0.51

步骤 4　对方案进行排序。

根据表 6-4 中数据可知，方案 x_1 排名第一的可接受度最大，其可接受度值为 0.65，方案 x_3 排名第二的可接受度最大，而方案 x_2 排名第三的可接受度最大。根据可接受度值的大小进行排序，可知 $x_1 > x_3 > x_2$ 且 x_1 为最优方案。方案 x_1 排名第一的置信度为 0.66，说明结果比较精确。此时，各方案在各准则下的权重信息也可以求得，比如方案 x_1 在准则 c_1 下的权重为 0.30，在准则 c_2 下的权重为 0.20，在准则 c_3 下的权重为 0.50。

若准则权重完全已知，如各准则权重为 W=（0.3，0.2，0.5）时，也可以很容易地通过基于 SMAA–PT 的多准则决策方法得到方案的排序

结果 $x_1 > x_3 > x_2$。

6.1.4　比较分析

为了说明本节所提出方法的有效性和科学性，本小节拟使用文献[157]中基于前景理论和 TODIM 的灰色随机多准则决策方法解决 6.1.3 节中算例问题。文献[157]中方法和本节所提出的方法均基于前景理论对准则值为扩展灰数的灰色随机决策问题进行分析，不同之处在于对前景值矩阵的处理方式。该方法的决策步骤为：

步骤 1～步骤 2　规范化决策矩阵和计算前景值。

同基于前景理论和 SMAA 的灰色随机多准则决策方法的步骤 1～步骤 2。

步骤 3　计算 V_{ij} 和 V_{hj} 之间的距离。

假设准则 c_j 下方案 x_i 和 x_k 的前景值为 $V_{ij}=\bigcup_{k_1=1}^{l_1}[c_{ijk_1}, d_{ijk_1}]$ 和 $V_{hj}=\bigcup_{k_2=1}^{l_2}[e_{ijk_2}, f_{ijk_2}]$。根据扩展灰数距离公式，可知 V_{ij} 和 V_{hj} 之间的距离为：

$$d_{gd}(V_{ij}, V_{hj}) = \left(\frac{1}{2}\left(\frac{1}{2l_1}\sum_{k_1=1}^{l_1}\min_{k_2=1}^{l_2}(|c_{ijk_1}-e_{ijk_2}|+|d_{ijk_1}-f_{ijk_2}|^\lambda)\right.\right.$$
$$\left.\left.+\frac{1}{2l_2}\sum_{k_2=1}^{l_2}\min_{k_1=1}^{l_1}(|e_{ijk_2}-c_{ijk_1}|+|f_{ijk_2}-d_{ijk_1}|^\lambda)\right)\right)^{1/\lambda} \quad (6-9)$$

步骤 4　计算方案 x_i 相对于方案 x_h 的优势度。

令 $\phi_j(x_i, x_h)$ 为准则 c_j 下 x_i 相对于方案 x_h 的优势度，其计算式为：

$$\phi_j(x_i, x_h) =$$

$$\begin{cases} \left(\frac{w_{rj}d_{rj}^\lambda(V_{ij}, V_{hj})}{\sum_{j=1}^n w_{rj}}\right)^{1/\lambda} & V_{ij} > V_{hj} \text{ or } \quad p(V_{ij} \geq V_{hj}) > 0.5 \\ & \quad\quad p(V_{ij} \geq V_{hj}) = 0.5 \quad (6-10) \\ -\frac{1}{\theta}\left(\frac{(\sum_{j=1}^n w_{rj})d_{rj}^\lambda(V_{ij}, V_{hj})}{w_{rj}}\right)^{1/\lambda} & V_{ij} < V_{hj} \text{ or } p(V_{ij} \geq V_{hj}) < 0.5 \end{cases}$$

其中，参数 θ 表示损失规避系数且 $\theta > 0$，θ 越小，表明决策者损失规避程度越高。w_{rj} 为每个准则相对于参考准则的相对权重，其计算式为 $w_{rj}=w_j/w_r$，w_r 为最大权重。

在此基础上，计算方案 x_i 相对于方案 x_h 的优势度，其公式为：

$$\delta\left(x_i,\ x_h\right)=\sum_{j=1}^{n}\phi_j\left(x_i,\ x_h\right) \tag{6-11}$$

步骤 5　计算总体感知价值并对方案进行排序。

方案 x_i 的总体感知价值为：

$$\xi_i=\frac{\sum_{h=1}^{n}\delta\left(x_i,\ x_h\right)-\min\left(\sum_{h=1}^{n}\delta\left(x_i,\ x_h\right)\right)}{\max\left(\sum_{h=1}^{n}\delta\left(x_i,\ x_h\right)\right)-\min\left(\sum_{h=1}^{n}\delta\left(x_i,\ x_h\right)\right)} \tag{6-12}$$

通过计算所得到的总体感知价值大小对方案进行排序，总体感知价值越大，则方案越优。

下面将利用基于前景理论和 TODIM 的灰色随机多准则决策方法对例 6-1 进行求解以便进行比较分析。

步骤 1～步骤 2　规范化决策矩阵和计算前景值。

同 6.1.3 节中实例分析的步骤 1～步骤 2。

步骤 3　计算 V_{ij} 和 V_{hj} 之间的距离。

利用公式（6-9），可以计算得到参数不同取值情况下 V_{ij} 和 V_{hj} 之间的距离，如参数时 $\lambda=1$，可以得到：

$d_{hd}\left(V_{11},\ V_{21}\right)=0.267$，$d_{hd}\left(V_{21},\ V_{31}\right)=0.559$，$d_{hd}\left(V_{11},\ V_{31}\right)=0.825$，

$d_{hd}\left(V_{12},\ V_{22}\right)=0.387$，$d_{hd}\left(V_{12},\ V_{32}\right)=0.171$，$d_{hd}\left(V_{22},\ V_{32}\right)=0.515$，

$d_{hd}(V_{13}, V_{23}) = 0.734$，$d_{hd}(V_{13}, V_{33}) = 0.952$，$d_{hd}(V_{23}, V_{33})$ $= 1.685$。

步骤 4 计算方案 x_i 相对于方案 x_h 的优势度。

为方便计算，假设各准则权重为 $\boldsymbol{W} = (0.3, 0.2, 0.5)$。当参数 $\lambda = 1$ 时，方案 x_i 相对于方案 x_h 的优势度为：

$\delta(x_1, x_2) = -1.488$，$\delta(x_1, x_3) = -3.733$，$\delta(x_2, x_3) = -6.017$，

$\delta(x_2, x_1) = -2.281$，$\delta(x_3, x_1) = -0.211$，$\delta(x_3, x_2) = -1.474$。

步骤 5 计算总体感知价值并对方案进行排序。

利用公式（6-12），可以计算得到方案的总体感知价值，当参数 $\lambda = 1$ 时，$\xi_1 = 0.465$，$\xi_2 = 0.000$，$\xi_3 = 1.000$。根据总体感知价值大小对方案进行排序，可知 $x_3 > x_1 > x_2$ 且 x_3 为最优方案。在本例中，当 λ 取其他值时，排序结果保持不变。

通过对比分析，可知当求解同一个实例时，两种方法得到的结果存在不同之处。当采用基于前景理论和 SMAA 的决策方法时，最优方案为 x_1，而采用基于前景理论和 TODIM 的决策方法时，最优方案为 x_3。排序结果的不同源于两种方法的差异：基于 SMAA 的方法在对前景值进行排序时采用逆权重空间的方法，因而不管准则权重信息是完全未知，还是部分未知或完全已知，该方法都能得到方案的排序结果，权重信息越精确，排序结果也更加接近实际决策情况；基于 TODIM 的方法在对前景值进行排序时再一次从有限理性角度出发考虑问题，然而其在解决权重信息不完全确定或完全未知的决策问题时存在一定的局限性。

6.2 基于后悔理论和 TOPSIS 的灰色随机多准则决策方法

本节拟将后悔理论和 TOPSIS 方法相结合，提出一种灰色随机多准

则决策方法。

6.2.1　问题描述

假设有 m 个备选方案 $X=\{x_1,\ x_2,\ \cdots,\ x_m\}$，$n$ 个评估准则 $C=\{c_1,\ c_2,\ \cdots,\ c_n\}$，准则对应的权重信息为 $\boldsymbol{W}=(\ w_1,\ w_2,\ \cdots,\ w_m\ )$，满足 $w_j \in [0,\ 1]$ 且 $\sum_{j=1}^{m} w_j=1$。

由于决策环境存在不确定性，备选方案有可能处于不同的自然状态。设 $\Theta_j=(\ \theta_1,\ \theta_2,\ \cdots,\ \theta_{l_j}\ )$ 表示准则 c_j 下可能存在的状态，且设 $p_j^t=[p^{Lt}_j,\ p^{Ut}_j]$ 表示准则 c_j 下状态 θ_t（$1 \leq t \leq l_j$）的区间可能度，满足 $0 \leq p^{Lt}_j \leq p^{Ut}_j \leq 1$，$\sum_{t=1}^{l_j} p^{Lt}_j \leq 1$ 和 $\sum_{t=1}^{l_j} p^{Ut}_j \leq 1$。方案 x_i 在准则 c_j 下的评估值用扩展灰数 $\otimes u_{ij}$ 来表示，当处于第 t 个状态时其可以表示为 $\otimes u_{ij}=\bigcup_{k_1=1}^{l_{ij}} [a^t_{ijk},\ b^t_{ijk}]$，且 $a^t_{ij1} \leq b^t_{ij1} < a^t_{ij2} \leq b^t_{ij2} < \cdots < a^t_{ijl^{ij}} \leq b^t_{ijl^{ij}}$。扩展灰数决策矩阵为 $\boldsymbol{R}^t=(\ \otimes u^t_{ij}\ )_{m \times n}$。然后，我们根据以上所提供的信息对方案进行排序。

6.2.2　基于后悔理论和 TOPSIS 的灰色随机多准则决策步骤

对于 6.2.1 节中描述的问题，下面给出基于后悔理论和 TOPSIS 的多准则决策的具体步骤。

步骤 1　规范化决策矩阵。

根据公式（3-19）和（3-20），分别对效益型和成本型准则进行规范化，规范化后的矩阵可以表示为 $\boldsymbol{N}^t=(\ \otimes r^t_{ij}\ )_{m \times n}$，其中 $\otimes r^t_{ij}=\bigcup_{k=1}^{l_{ij}} [\underline{r}^t_{ijk},\ \overline{r}^t_{ijk}]$。

步骤 2　确定理想点。

对于灰色随机决策矩阵，理想点为 $I=(\ I^t_1,\ I^t_2,\ \cdots,\ I^t_n\ )$。假设准则 c_j 下的理想点为 $I^t_j=(\ r^{1+}_j,\ r^{2+}_j,\ \cdots,\ r^{l_j+}_j\ )$，且 $1 \leq t \leq l_j$。则

$r'^+_j=[\underline{r}'^+_j,\ \overline{r}'^+_j]$ 的计算公式如下:

$$\underline{r}'^+_j=\overline{r}'^+_j=\max\{\overline{r}'_{ijk}|1 \leqslant i \leqslant m,\ 1 \leqslant j \leqslant n,\ 1 \leqslant t \leqslant l_j,\ 1 \leqslant k \leqslant l_{ij}\} \quad (6\text{--}13)$$

步骤 3 计算每个准则下的效用值和后悔值。

（1）效用值

由于决策者在决策过程中通常都是风险厌恶的，因此效用函数是单调递增的凹函数[126, 127]，满足 $v'(x)>0$ 和 $v''(x)<0$。本小节选择幂函数作为准则值的效用函数，即：

$$v(x)=x^\alpha \quad (6\text{--}14)$$

其中，参数 α 表示风险规避系数，其取值范围为 $0<\alpha<1$。参数 α 的值和风险规避程度呈反比关系。

对于准则值 $r_{ij}=\bigcup\limits_{k=1}^{l_{ij}}[\underline{r}'_{ijk},\ \overline{r}'_{ijk}]$ 而言，可以认为实际准则值在 $\bigcup\limits_{k=1}^{l_{ij}}[\underline{r}'_{ijk},\ \overline{r}'_{ijk}]$ 之间随机取值且服从某种分布[159]。设 $f'_{ij}(x)$ 为概率密度函数，则效用值 v'_{ij} 可通过以下公式求得：

$$v'_{ij}=\frac{1}{l}\sum_{k=1}^{l_{ij}}\int_{\overline{r}'_{ijk}}^{\underline{r}'_{ijk}} v(x) f'_{ijk}(x) \,\mathrm{d}x,$$

$$1 \leqslant i \leqslant m,\ 1 \leqslant j \leqslant n,\ 1 \leqslant t \leqslant l_j,\ 1 \leqslant k \leqslant l_{ij} \quad (6\text{--}15)$$

这里，我们可以考虑两种常见的分布形式：均匀分布和正态分布。

① 均匀分布

均匀分布是最常见的分布之一。若灰色随机变量服从均匀分布，则其概率密度函数为：

$$f'_{ijk}(x)=$$

$$\begin{cases}\dfrac{1}{\overline{r}'_{ijk}-\underline{r}'_{ijk}},\ \underline{r}'_{ijk} \leqslant x \leqslant \overline{r}'_{ijk} & 1 \leqslant i \leqslant m,\ 1 \leqslant j \leqslant n,\ 1 \leqslant t \leqslant l_j,\ 1 \leqslant k \leqslant l_{ij} \\ 0,\ 其他 \end{cases}$$

$$(6\text{--}16)$$

② 正态分布

正态分布也是较常见的分布形式[160]。若灰色随机变量服从正态分布，则其概率密度函数为：

$$f_{ijk}^t(x) = \begin{cases} \dfrac{1}{\sqrt{2\pi}\,\sigma_{ijk}^t}\exp[-(x-\mu_{ijk}^t)^2/2(\sigma_{ijk}^t)^2], & \underline{r}_{ijk}^t \leq x \leq \overline{r}_{ijk}^t \\ 0, & 其他 \end{cases} \tag{6-17}$$

其中 $1 \leq i \leq m$，$1 \leq j \leq n$，$1 \leq t \leq l_j$，$1 \leq k \leq l_{ij}$，$\mu_{ijk}^t = (\underline{r}_{ijk}^t + \overline{r}_{ijk}^t)/2$，$\sigma_{ijk}^t = (\overline{r}_{ijk}^t - \underline{r}_{ijk}^t)/6$。

（2）后悔—欣喜值

在计算后悔—欣喜值前，先构造后悔—欣喜函数。由于决策者通常是后悔规避的，因此后悔—欣喜函数 $R(\Delta v)$ 也是单调递增的凹函数，满足 $R'(\cdot) > 0$，$R''(\cdot) < 0$ 和 $R(0) = 0$。$R(\Delta v)$ 可以表示为：

$$R(\Delta v) = 1 - \exp(-\delta \Delta v) \tag{6-18}$$

其中，δ 为后悔规避系数，且 $\delta > 0$。δ 值越大，则决策者趋向于后悔规避的程度越大。Δv 表示准则效用值与期望效用值之间的差值。当 $R(\Delta v) > 0$ 时，$R(\Delta v)$ 表示欣喜值，反之，则表示后悔值。

与理想点相比，状态 θ_t 下方案 x_i 针对准则 c_j 的后悔值计算公式为：

$$R_{ij}^t = 1 - \exp[-\delta(v_{ij}^t - v_{ij}^{t+})], \quad 1 \leq i \leq m, \ 1 \leq j \leq n, \ 1 \leq t \leq l_j \tag{6-19}$$

其中，$v_j^{t+} = \int_{\underline{r}_j^{t+}}^{\overline{r}_j^{t+}} v(x) f_j^{t+}(x)\,dx = (\overline{r}_j^{t+})^{\alpha}$ 且 $v_{ij}^t \leq v_j^{t+}$。因此，容易得到 $R_{ij}^t \leq 0$ 且 R_{ij}^t 为后悔值。

步骤 4　计算方案的感知效用。

令 u_{ij}^t 表示状态 θ_t 下方案 a_i 针对准则 c_j 的感知效用，其由效用值和后悔—欣喜值组成，具体计算公式为：

$$u_{ij}^t = v_{ij}^t + R_{ij}^t, \quad 1 \leq i \leq m, \ 1 \leq j \leq n, \ 1 \leq t \leq l_j \tag{6-20}$$

方案 x_i 针对准则 c_j 的总体感知效用可以通过下式得到：

$$u_{ij} = \sum_{t=1}^{l_j} u_{ij}^t \bar{p}_j^t \qquad (6-21)$$

其中，$\bar{p}_j^t$ 表示更精确的区间概率[161, 162]，其计算公式为：

$$\bar{p}_j^{Lt} = \max\left(p_j^{Lt}, \ 1 - \sum_{t'=1, t' \neq t}^{l_j} p_j^{Ut}\right) \qquad (6-22)$$

$$\bar{p}_j^{Ut} = \min\left(p_j^{Ut}, \ 1 - \sum_{t'=1, t' \neq t}^{l_j} p_j^{Lt}\right) \qquad (6-23)$$

总体感知效用矩阵为 $U = (u_{ij})_{m \times n}$，$u_{ij} = [\underline{u}_{ij}, \ \bar{u}_{ij}]$。

步骤 5　根据总体感知效用价值区间对方案进行排序。

本步骤拟采用 TOPSIS 方法根据总体感知效用价值区间对方案进行排序。首先，确定正理想解 U^+ 和负理想解 U^-。

$U^+ = (u_1^+, \ u_2^+, \ \cdots, \ u_m^+)$，$U^- = (u_1^-, \ u_2^-, \ \cdots, \ u_m^-)$

正负理想解的确定公式为：

$$u_j^+ = \max_{i=1}^m u_{ij}, \ 1 \leqslant i \leqslant m, \ 1 \leqslant j \leqslant n \qquad (6-24)$$

$$u_j^- = \min_{i=1}^m u_{ij}, \ 1 \leqslant i \leqslant m, \ 1 \leqslant j \leqslant n \qquad (6-25)$$

然后，用距离公式分别计算准则值与 U^+ 和 U^- 之间的相离程度：

$$d_i^+ = \sum_{j=1}^m w_j d(u_{ij}, \ u_j^+) \qquad (6-26)$$

$$d_i^- = \sum_{j=1}^m w_j d(u_{ij}, \ u_j^-) \qquad (6-27)$$

最后，计算贴近度，公式为：

$$C_i = \frac{d_i^-}{d_i^- + d_i^+} \qquad (6-28)$$

根据 C_i 值大小和方案优劣呈正比的原则对方案进行排序，即贴近度 C_i 值越大，方案越优。

6.2.3 算例分析

本小节将通过两个例子来说明基于后悔理论和 TOPSIS 的灰色随机多准则决策方法的有效性和可行性。其中第一个例子将使用扩展灰数的特殊形式，即区间灰数作为方案评估值，第二个例子则使用普通扩展灰数作为方案评估值。

例 6-2 假设例 6-1 中各准则权重信息为 W（0.1，0.2，0.7），各自然状态的可能度为区间灰数形式，即：p_1=[0.3，0.5]，p_2=[0.4，0.9] 和 p_3=[0.1，0.5]。各方案在各准则下的评估值为区间灰数形式，且区间灰数随机变量服从正态分布。决策矩阵如表 6-5 所示，请根据以上信息选择最优方案。

表 6-5 准则值为区间灰数的决策矩阵

C		x_1	x_2	x_3
	θ_1	[2.4，2.5]	[2.8，2.9]	[2.5，2.7]
c_1	θ_2	[3.5，3.6]	[3.3，3.4]	[2.9，3.0]
	θ_3	[3.0，3.4]	[3.1，3.2]	[2.8，2.9]
	θ_1	[3.1，3.3]	[3.5，3.7]	[3.3，3.5]
c_2	θ_2	[3.7，4.0]	[3.3，3.6]	[2.4，3.0]
	θ_3	[2.9，3.1]	[3.5，3.8]	[2.7，3.0]
	θ_1	[0.6，0.75]	[0.4，0.55]	[0.5，0.65]
c_3	θ_2	[0.4，0.7]	[0.3，0.4]	[0.2，0.3]
	θ_3	[0.25，0.4]	[0.6，0.8]	[0.3，0.5]

根据本节所提出的方法，上述实例的决策过程如下：

步骤 1 规范化决策矩阵。

在本例中，c_1 和 c_2 是效益型准则，c_3 是成本型准则。根据公式（3-19）和（3-20），分别对效益型和成本型准则信息进行规范化处理，规范化后的决策矩阵如表 6-6 所示。

表 6-6 规范化后的决策矩阵

C		x_1	x_2	x_3
	θ_1	[0.828, 0.862]	[0.966, 1.000]	[0.862, 0.931]
c_1	θ_2	[0.972, 1.000]	[0.917, 0.944]	[0.806, 0.835]
	θ_3	[0.882, 1.000]	[0.912, 0.941]	[0.824, 0.853]
	θ_1	[0.838, 0.892]	[0.946, 1.000]	[0.892, 0.946]
c_2	θ_2	[0.925, 1.000]	[0.825, 0.900]	[0.600, 0.750]
	θ_3	[0.744, 0.795]	[0.897, 1.000]	[0.692, 0.769]
	θ_1	[0.533, 0.667]	[0.727, 1.000]	[0.615, 0.800]
c_3	θ_2	[0.286, 0.500]	[0.500, 0.667]	[0.667, 1.000]
	θ_3	[0.625, 1.000]	[0.313, 0.417]	[0.3500, 0.833]

步骤 2 确定理想点。

根据公式（6-13）和表 6-6 中的数据确定理想点 $I=(I_1^+,$ $I_2^+, \cdots, I_n^+)$。其中，$I_j^+=(I_j^{1+}, I_j^{2+}, \cdots, I_j^{l_j+})$，$r_j^{t+}=[\underline{r}_j^{t+}, \overline{r}_j^{t+}]=[1, 1]$（$1 \leqslant j \leqslant n$，$1 \leqslant t \leqslant l_j$）。

步骤 3 计算每个准则下的效用值和后悔值。

计算效用值和后悔值需要考虑两个参数：风险规避系数和后悔规避系数。根据 Tversky 和 Kahneman[158] 的实验分析结果，风险规避系数一般取值为 $\delta=0.88$。这里，先假设后悔规避系数为 $\delta=0.3$，其他取值情况将在后面进行详细讨论。根据公式（6-14）~（6-17），可以计算得到各方案在各准则下的效用值和后悔值。如 $v_{11}^1=0.860$，$R_{11}^1=-0.043$，$v_{21}^1=0.982$ 和 $R_{21}^1=-0.005$。因为所有的准则值均是和理想点相比较，因此后悔值都是非正值。

步骤 4 计算方案的感知效用。

根据公式（6-20），计算得到各方案在各准则下的感知效用值，结构见表 6-7。

表 6-7　感知效用值矩阵

C		x_1	x_2	x_3
c_1	θ_1	0.817	0.977	0.878
	θ_2	0.981	0.917	0.787
	θ_3	0.929	0.913	0.810
c_2	θ_1	0.841	0.966	0.903
	θ_2	0.954	0.838	0.613
	θ_3	0.728	0.938	0.681
c_3	θ_1	0.521	0.839	0.653
	θ_2	0.255	0.501	0.804
	θ_3	0.778	0.217	0.603

利用公式（6-22）和（6-23），将各状态区间概率精确为 $\bar{p}_1$=[0.3，0.5]，$\bar{p}_2$=[0.4，0.6] 和 $\bar{p}_3$=[0.1，0.3]。然后根据公式（6-21）计算得到方案的总体感知效用，结构见表6-8。

表 6-8　总体感知效用矩阵

	x_1	x_2	x_3
c_1	[0.730，1.276]	[0.751，1.312]	[0.659，1.154]
c_2	[0.707，1.211]	[0.719，1.267]	[0.584，1.024]
c_3	[0.336，0.647]	[0.473，0.785]	[0.577，0.989]

步骤5　根据总体感知效用价值区间对方案进行排序。

首先，确定正理想解 U^+ 和 U^- 负理想解 V。

u^+_1=[0.751，1.312]，u^+_2=[0.719，1.267]，u^+_3=[0.577，0.989]，

u^-_1=[0.659，1.154]，u^-_2=[0.584，1.024]，u^-_3=[0.336，0.647]。

其次，计算每个方案的每个准则值与正负理想解之间的距离。

d^+_1=0.218，d^+_2=0.113，d^+_3=0.052，

d^+_1=0.042，d^+_2=0.148，d^+_3=0.207。

最后，根据公式（6-28）计算相对贴近度。

C_2=0.160，C_2=0.567，C_3=0.799。

可以明显看出 $C_3 > C_2 > C_1$，因此根据贴近度越大方案越优的原则，

可知最优方案为 x_3。

参数 δ 反映了决策者的后悔规避态度，表 6-9 反映了当参数 δ 取值不同时方案的排序情况。根据表 6-9 中数据可知，在本例中，参数 δ 取值不同时排序结果保持不变。

表 6-9　参数 δ 取值不同时的贴近度和排序结果

	C_1	C_2	C_3	排序结果
$\delta =0.1$	0.1658	0.5688	0.7875	$x_3 > x_2 > x_1$
$\delta =0.2$	0.1632	0.5690	0.7977	$x_3 > x_2 > x_1$
$\delta =0.3$	0.1603	0.5671	0.7986	$x_3 > x_2 > x_1$
$\delta =0.4$	0.1581	0.5658	0.8012	$x_3 > x_2 > x_1$

例 6-3 假设例 6-1 中各准则权重为 W=（0.1，0.2，0.7），各自然状态的可能度为区间灰数：$p_1=[0.3, 0.5]$，$p_2=[0.4, 0.9]$ 和 $p_3=[0.1, 0.5]$。请根据以上信息选择最优方案。

根据本节所提出的方法，例 6-3 的决策过程如下：

步骤 1　规范化决策矩阵。

和例 6-1 一样，根据公式（3-19）和（3-20）对决策矩阵进行规范化处理，规范后的决策矩阵见表 6-2。

步骤 2　确定理想点。

根据公式（6-13）和表 6-2 中的数据确定理想点 $I=（I^{\cdot}_1,$ $I^{\cdot}_2, \cdots, I^{\cdot}_n）$。其中，$I^{t+}_j=（I^{1+}_j, I^{2+}_j, \cdots, I^{lj+}_j）$，$r^{t+}_j=[\underline{r}^{t+}_j, \overline{r}^{t+}_j]=[1, 1]$（$1 \leqslant j \leqslant n$，$1 \leqslant t \leqslant l_j$）。

步骤 3　计算每个准则下的效用值和后悔值。

和例 6-2 一样，仍然假设 $\alpha =0.88$，$\delta =0.3$。根据公式（6-14）~（6-16），可以计算得到各方案各准则下的效用值和后悔值。如 $v'^1_{11}=0.807$，$R'^1_{11}=-0.060$，$v'^1_{21}=0.752$ 和 $R'^1_{21}=-0.078$。

步骤 4　计算方案的感知效用。

根据公式（6-20），计算得到各方案在各准则下的感知效用值，见表6-10。

表6-10 感知效用值矩阵

C		x'_1	x'_2	x'_3
	θ_1	0.747	0.674	0.883
c_1	θ_2	0.901	0.705	0.909
	θ_3	0.817	0.817	0.884
	θ_1	0.679	0.950	0.632
c_2	θ_2	0.884	0.904	0.639
	θ_3	0.812	0.904	0.845
	θ_1	0.335	0.231	0.548
c_3	θ_2	0.306	0.016	0.076
	θ_3	0.186	0.426	0.434

根据公式（6-21）和各状态精确区间概率 $\overline{p}_1$=[0.3，0.5]，$\overline{p}_2$=[0.4，0.6] 和 $\overline{p}_3$=[0.1，0.3]，计算得到方案的总体感知效用，结果见表6-11。

表6-11 总体感知效用矩阵

C	x'_1	x'_2	x'_3
c_1	[0.666，1.159]	[0.566，1.005]	[0.716，1.251]
c_2	[0.639，1.114]	[0.737，1.288]	[0.530，0.953]
c_3	[0.242，0.407]	[0.118，0.253]	[0.238，0.450]

步骤5 根据总体感知效用价值区间对方案进行排序。

首先，确定正理想解 U^+ 和负理想解 U^-。

u'^+_1=[0.716，1.251]，u'^+_2=[0.737，1.288]，u'^+_3=[0.238，0.450]，

u'^-_1=[0.566，1.005]，u'^-_2=[0.530，1.953]，u'^-_3=[0.118，0.253]。

其次，计算每个方案的每个准则值与正负理想解之间的距离。

d'^+_1=0.057，d'^+_2=0.135，d'^+_3=0.056，

d'^-_1=0.138，d'^-_2=0.056，d'^-_3=0.135。

最后，根据式（6-28）计算相对贴近度。

C'_1=0.708，C'_2=0.293，C'_3=0.707。

可以明显看出 $C'_1 > C'_2 > C'_3$，因此最优方案为 x'_1。

表 6-12 反映了当参数 δ 取值不同时例 6-3 的方案排序情况。从表中数据可知 δ 取值不同时，各备选方案排序结果有可能因此而发生改变。当 $\delta = 0.1$ 时，方案排序结果为 $x'_3 > x'_2 > x'_1$；当参数 δ 取值 0.2，0.3 和 0.4 时，方案排序结果变为 $x'_1 > x'_3 > x'_2$。

表 6-12　参数 δ 取值不同时的贴近度和排序结果

	C_1	C_2	C_3	排序结果
$\delta = 0.1$	0.7018	0.2973	0.7027	$x'_3 > x'_1 > x'_2$
$\delta = 0.2$	0.7060	0.2958	0.7042	$x'_1 > x'_3 > x'_2$
$\delta = 0.3$	0.7082	0.2928	0.7072	$x'_1 > x'_3 > x'_2$
$\delta = 0.4$	0.7120	0.3154	0.6846	$x'_1 > x'_3 > x'_2$

6.2.4　比较分析

本小节拟将所提出的方法分别与基于有限理性和基于完全理性的方法进行比较以说明本节方法的有效性和可行性。

（1）与基于前景理论和 VIKOR 方法的比较分析

Li 和 Zhao[117] 提出了一种基于前景理论和 VIKOR 的方法。为方便比较，这里采用 Li 和 Zhao 提出的方法处理例 6-2 中的灰色随机多准则决策问题。通过规范化决策矩阵、选择参考点、计算前景值、确定正负理想解和计算 S_i，R_i 和 Q_i 值等一系列步骤，可以得到如下结果：$S_3 < S_2 < S_1$，$R_3 < R_2 < R_1$ 和 $Q_3 < Q_2 < Q_1$。因此方案排序结果为 $x_3 > x_2 > x_1$ 且 x_3 为最优方案。

通过方案排序结果比较可知运用 Li 和 Zhao 所提出的方法和本节所提出的方法得到的结果完全一致，这从某种程度上说明了本节所提出的方法的有效性。这两种方法都是基于有限理性行为理论，但仍存在一些不同之处。首先，Li 和 Zhao 所提出的方法是基于前景理论，而本节所提出的方法基于后悔理论，相对而言，后悔理论比前景理论更具优势，其不用指定参考点而且涉及参数较少；其次，本节所提出的方法不仅可以处理评价值为区间灰数的多准则决策问题，还可以处理评价值为扩展灰数的多准则决策问题。由于扩展灰数比区间灰数在描述不确定信息方面具有更强的能力，因此，和基于前景理论和 VIKOR 的灰色随机多准则决策方法相比，本节所提出的方法具有明显的优势。

（2）与基于期望可能度方法的比较分析

王等[163]提出了一种基于期望可能度的方法，这里通过运用这种方法处理例 6-2 中的灰色随机多准则决策问题来进行比较。首先，将区间可能度转化为确定值，然后计算期望可能度，得到 $\omega_1=0.291$，$\omega_2=0.360$ 和 $\omega_3=0.255$。因此方案排序结果为 $x_2 > x_1 > x_3$ 且 x_2 为最优方案。

从方案排序结果可知运用两种方法计算得到的排序不一致，原因在于期望可能度的方法是基于完全理性，而本节所提出的方法是基于有限理性，考虑了决策者的心理因素，更符合实际决策情况，因而更具有应用优势。

6.3　基于 Hurwicz 和 TODIM 的灰色随机多准则决策方法

前面章节和本章前两节研究的离散型灰色随机多准则决策问题大多是确定型和风险型决策问题，即事件发生的概率为确定或不完全确定的情况，而较少涉及概率不确定的情况。与确定型和风险型决策相比，不确定型决策更加符合实际情况。目前，解决概率不确定的随机决策方法主要有乐观系数法[164, 165]、等可能性法[166]、最小最大后悔值法[166]、保守法和冒险法[167]等，但这些方法还未拓展到多准则决策领域。本节拟将 Hurwicz 准则（即乐观系数法）进行拓展，结合 TODIM 方法的思想对概率不确定的离散型灰色随机多准则决策问题进行分析。

6.3.1 Hurwicz 准则

Hurwicz 准则又被称为乐观系数法，是一种介于乐观和悲观之间的决策方法。其在处理概率信息不确定的随机决策问题时根据决策者是乐观，悲观，还是介于两者之间预先确定一个乐观系数，然后据此选择最优方案。

定义 6-1[168] 设 $X=\{x_1, x_2, \cdots, x_m\}$ 为一组有限方案集，每个方案面临 n 种可能的自然状态 $\Theta=(\theta_{i1}, \theta_{i2}, \cdots, \theta_{in})$，$H_i=\{H_{i1}, H_{i2}, \cdots, H_{in}\}$ 为每一状态下每个方案的效用值。如果无法预先估计各状态的概率大小，则可以考虑设定乐观系数 $\alpha \in [0, 1]$ 计算 H_i 的大小。

$$H_i=(1-\alpha) \cdot \min\{H_{i1}, H_{i2}, \cdots, H_{in}\}$$
$$+\alpha \cdot \max\{H_{i1}, H_{i2}, \cdots, H_{in}\} \quad (6-29)$$

公式（6-29）也可以表示为如下形式：

$$H_i=(1-\alpha) \cdot \min_{j=1}^{n}\{H_{ij}\}+\alpha \cdot \max_{j=1}^{n}\{H_{ij}\} \quad (6-30)$$

从公式（6-29）和（6-20）可以看出 α 相当于乐观系数，而 $1-\alpha$ 相当于悲观系数，通过两者对方案效用最大值和最小值进行加权平均，可以得到方案的效用值。α 越小，反映决策者越悲观，反之亦然。因此，需要根据实际情况选择合适的乐观系数值。

6.3.2 问题描述

考虑如下灰色随机多准则决策问题，设 $X=\{x_1, x_2, \cdots, x_m\}$ 为一组有限方案集，$C=\{c_1, c_2, \cdots, c_n\}$ 为彼此独立的准则集，准则权重向量

为 $\boldsymbol{W}=(w_1, w_2, \cdots, w_n)$，满足 $\sum_{j=1}^{n} w_j=1$，$w_j \geq 0$（$j=1, 2, \cdots, n$）。由于决策环境的不确定性，该决策问题面临多种可能的自然状态。设准则 c_j 下可能存在的状态集用 $\Theta_j=(\theta_1, \theta_2, \cdots, \theta_{l_j})$ 表示，每个状态发生的概率未知。方案 x_i 在第 j 个准则下的值为扩展灰数随机变量 $\otimes u'_{ij}=\bigcup_{k_1=1}^{l_j} [a'_{ijk}, b'_{ijk}]$，满足 $a'_{ij1} \leq b'_{ij1} < a'_{ij2} \leq b'_{ij2} < \cdots < a'_{ijl}{}^{ij} \leq b'_{ijl}{}^{ij}$。从而可得灰色随机决策矩阵 $\boldsymbol{R}'=(\otimes u'_{ij})_{m \times n}$。请根据上述信息对方案进行排序。

6.3.3 基于 Hurwicz 和 TODIM 的灰色随机多准则决策步骤

本小节拟运用基于 Hurwicz 和 TODIM 的决策方法对方案进行排序，其具体决策步骤如下。

步骤 1 计算准则 c_j 下方案 x_i 的效用值 $\otimes u_{ij}$。

由于概率信息完全未知，因此本步骤先根据决策者的态度确定 α 值，效用值 $\otimes u_{ij}$ 可通过下式计算得到：

$$\otimes u_{ij}=(1-\alpha) \cdot \min_{t=1}^{l_{ij}} \{\otimes u'_{ij}\}+\alpha \cdot \max_{t=1}^{l_{ij}} \{\otimes u'_{ij}\} \tag{6-31}$$

步骤 2 规范化处理。

对效用值 $\otimes u_{ij}=[\underline{u}_{ij}, \bar{u}_{ij}]$ 进行规范化处理[119]。对于效益型准则，规范化后的准则值 $\otimes r_{ij}$ 为：

$$\otimes r_{ij}=\otimes u_{ij} / \max_{1 \leq i \leq m} (\bar{u}_{ij}) \tag{6-32}$$

对于成本型准则，规范化后的准则值 $\otimes r_{ij}$ 为：

$$\otimes r_{ij}=\min_{1 \leq i \leq m} (\underline{u}_{ij}) / \otimes u_{ij} \tag{6-33}$$

步骤 3 计算 $\otimes r_{ij}=\bigcup_{x=1}^{l_{ij}} [\underline{r}_{ijx}, \bar{r}_{ijx}]$ 与 $\otimes r_{lj}=\bigcup_{y=1}^{l_{lj}} [\underline{r}_{ljy}, \bar{r}_{ljy}]$（$l=1, 2, \cdots, m$）之间的距离。

根据公式（3-1），可知 $\otimes r_{ij}$ 与 $\otimes r_{lj}$ 之间的广义距离公式为：

$$d_{gd}(\otimes r_{ij}, \otimes r_{lj}) = \left(\frac{1}{2}\left(\frac{1}{2l_{ij}}\sum_{x=1}^{l_{ij}}\min_{y=1}^{l_{ij}}\left(|\underline{r}_{ijx}-\underline{r}_{ljx}|^{\lambda}+|\overline{r}_{ijx}-\overline{r}_{ljy}|^{\lambda}\right)\right.\right.$$

$$\left.\left.+\frac{1}{2l_{ij}}\sum_{y=1}^{l_{ij}}\min_{x=1}^{l_{ij}}\left(|\underline{r}_{ijy}-\underline{r}_{ijx}|^{\lambda}+|\overline{r}_{ijy}-\overline{r}_{ljx}|^{\lambda}\right)\right)\right)^{1/\lambda} \quad (6\text{--}34)$$

然后，使用扩展灰数的可能度比较 $\otimes r_{ij}$ 相对 $\otimes r_{lj}$ 的大小，若 $p(\otimes r_{ij} \geqslant \otimes r_{lj}) \geqslant 0.5$，则可得收益值 $G_{il}=d_{gd}(\otimes r_{ij}, \otimes r_{lj})$，若 $p(\otimes r_{ij} \geqslant \otimes r_{lj}) < 0.5$，则可得损失值 $L_{ik}=-d_{gd}(\otimes r_{ij}, \otimes r_{lj})$ [169]。

步骤 4 基于 TODIM 思想计算方案优势度。

方案 x_i 相对于方案 x_l 的优势度[169]计算公式为：

$$\delta(x_i, x_l) = \sum_{j=1}^{n}\phi_j(x_i, x_l) \quad (6\text{--}35)$$

其中，$\phi_j(x_i, x_l)$ 表示准则 c_j 下方案 x_i 相对于 x_l 的损益的感知价值。

$$\phi_j(x_i, x_l)=\begin{cases}\sqrt{G_{il}\times w_{jr}/\left(\sum_{j=1}^{n}w_{jr}\right)} & P(\otimes r_{ij}\geqslant\otimes r_{lj})>0.5\\ 0 & P(\otimes r_{ij}\geqslant\otimes r_{lj})=0.5\\ -\frac{1}{\theta}\sqrt{-L_{il}\times\left(\sum_{j=1}^{n}w_{jr}\right)/w_{jr}} & P(\otimes r_{ij}\geqslant\otimes r_{lj})<0.5\end{cases} \quad (6\text{--}36)$$

当 $P(\otimes r_{ij}>\otimes r_{lj})>0.5$ 时，说明准则 c_j 下方案 x_i 相对于 x_l 的感知价值是获益；当 $P(\otimes r_{ij}>\otimes r_{lj})<0.5$ 时，说明准则 c_j 下方案 x_i 相对于 x_l 的感知价值是受损。θ 为损失规避系数，w_{jr} 表示每个准则相对于参考准则的相对权重，其计算式为 $w_{jr}=w_j/w_r$，其中 w_r 为最大权重。

步骤 5 计算各方案的总体感知价值。

根据所有两两方案之间的优势度计算方案总体感知价值：

$$\xi_i=\frac{\sum_{l=1}^{m}\delta(x_i, x_l)-\min_{1\leqslant i\leqslant m}\left(\sum_{l=1}^{m}\delta(x_i, x_l)\right)}{\max_{1\leqslant i\leqslant m}\left(\sum_{l=1}^{m}\delta(x_i, x_l)\right)-\min_{1\leqslant i\leqslant m}\left(\sum_{l=1}^{m}\delta(x_i, x_l)\right)} \quad (6\text{--}37)$$

步骤6　对各备选方案进行评价。

根据上一步骤计算得到的总体感知价值对方案进行评价，值越大，方案越优

6.3.4　算例分析

本小节拟提供一个信息管理系统提供商评价的算例来对本节所提出的基于 Hurwicz 和 TODIM 的决策方法进行分析。

假设 $X=\{x_1, x_2, x_3, x_4\}$ 为 4 个备选公司，$C=\{c_1, c_2, c_3, c_4\}$ 为 4 个评价准则，其中，准则 c_1 表示产品适用性；准则 c_2 表示产品兼容性；准则 c_3 表示产品可控性；c_4 表示产品价格。前三个准则均面临三种可能的自然状态且概率无法确定，而产品价格则保持不变。假设决策者采用扩展灰数来对各准则下的方案评价值进行描述，具体评价信息见表 6–13 ～表 6–16。

表 6–13　准则 c_1 下的决策矩阵

状态	p_1^1	p_1^2	p_1^3
x_1	[0.5, 1.0] ∪ [1.2, 1.5]	[1.5, 2.0]	[0.5, 1.5]
x_2	[1.5, 2.0]	[2.5, 3.0] ∪ [3.5, 4.0]	{3.5}
x_3	[2.5, 2.7] ∪ {3.0}	[0.5, 1.0]	[3.5, 4.0]
x_4	[1.5, 2.0]	[1.0, 2.0]	{3.0} ∪ [3.5, 4.0]

表 6–14　准则 c_2 下的决策矩阵

状态	p_2^1	p_2^2	p_2^3
x_1	[6.5, 7.0]	[7.5, 8.0] ∪ [8.5, 9.0]	[8.5, 9.0]
x_2	[7.5, 8.0]	[6.0, 8.5] ∪ {9.0}	[8.5, 9.0]
x_3	[3.5, 4.0] ∪ {4.5}	[2.5, 3.5]	[3.5, 4.0]
x_4	[4.5, 5.0]	[5.5, 6.0]	[7.5, 8.0] ∪ {9.0}

表 6–15　准则 c_3 下的决策矩阵

状态	p_3^1	p_3^2	p_3^3
x_1	[5.5, 7.0]	[4.5, 5.0] ∪ [6.5, 7.5]	[6.5, 8.0]

续表

状态	p_3^1	p_3^2	p_3^3
x_2	[5.5, 6.0] ∪ {6.5}	[6.0, 7.5]	[7.5, 8.0]
x_3	[7.5, 8.5] ∪ {9.0}	[9.5, 10.5]	[9.0, 10.0]
x_4	[9.5, 10.0]	[8.5, 9.0]	[9.5, 10.0] ∪ {10.5}

表 6-16　准则 c_4 下的决策矩阵

	x_1	x_2	x_3	x_4
c_4	[8.5, 9.5]	[6.5, 7.5]	[7.5, 8.5]	[5.5, 6.5]

假设权重信息为 $\boldsymbol{w}$=（0.1，0.3，0.4，0.2），请根据以上方案评价信息对 4 个备选公司进行评价。

步骤 1　计算准则 c_j 下方案 x_i 的效用值。

这里先选择 α =0.5 对问题进行分析，其他取值情况将在后文进行讨论。利用公式（6-31）计算准则 c_j 下方案 x_i 的效用值，结果如表 6-17 所示。

表 6-17　效用值决策矩阵

	c_1	c_2	c_3	c_4
x_1	[1.000, 1.750]	[7.500, 8.000]	[5.500, 7.750]	[8.500, 9.500]
x_2	[2.500, 2.750]	[8.000, 8.750]	[6.500, 7.250]	[6.500, 7.500]
x_3	[2.000, 2.500]	[3.000, 4.000]	[8.500, 9.750]	[7.500, 8.500]
x_4	[2.000, 3.000]	[6.000, 6.500] ∪ [6.750, 7.000]	[9.000, 9.750]	[5.500, 6.500]

步骤 2　规范化处理。

通过分析可知产品适用性（c_1），产品兼容性（c_2）和产品可控性（c_3）为效益型准则，而产品价格（c_4）为成本型准则。根据公式（6-32）和（6-33），可以得到规范化后的效用值，结果见表 6-18。

表 6-18　规范化后的效用值

	c_1	c_2	c_3	c_4
x_1	[0.333, 0.583]	[0.857, 0.914]	[0.564, 0.795]	[0.579, 0.647]
x_2	[0.833, 0.917]	[0.914, 1.000]	[0.667, 0.744]	[0.733, 0.846]
x_3	[0.667, 0.833]	[0.343, 0.457]	[0.872, 1.000]	[0.647, 0.733]
x_4	[0.667, 1.000]	[0.686, 0.743] ∪ [0.771, 0.800]	[0.923, 1.000]	[0.846, 1.000]

步骤 3　计算 $\otimes r_{ij}$ 与 $\otimes r_{lj}$ 之间的距离。

根据公式（6–34）计算 $\otimes r_{ij}$ 与 $\otimes r_{lj}$ 之间的广义距离。当 $\lambda = 1$ 时，可以得到 $d_{hd}(\otimes r_{11}, \otimes r_{21}) = 0.417$，$d_{hd}(\otimes r_{12}, \otimes r_{32}) = 0.486$，$d_{hd}(\otimes r_{13}, \otimes r_{33}) = 0.257$，$d_{hd}(\otimes r_{14}, \otimes r_{24}) = 0.177$。由此可以计算 $\otimes r_{ij}$ 相对 $\otimes r_{lj}$ 的收益值 G_{il} 或损失值 L_{il}，如 $j=1$ 时，$L_{12} = -0.417$，$j=2$ 时，$G_{13} = -0.486$，$j=3$ 时，$L_{13} = -0.257$，$j=4$ 时，$L_{12} = -0.177$。

步骤 4　基于 TODIM 思想计算方案优势度。

根据公式（6–35）和（6–36）计算得到方案 x_i 相对于方案 x_l 的优势度，当 $\lambda = 1$ 时，计算得到的方案优势度见表 6–19。

表 6–19　方案优势度

	x_1	x_2	x_3	x_4
x_1	0.000	–3.908	–2.748	–3.864
x_2	0.714	0.000	–0.097	–1.281
x_3	–0.657	–2.882	0.000	–3.298
x_4	0.191	–1.285	0.724	0.000

步骤 5　计算各方案的总体感知价值。

根据公式（6–37）计算参数 λ 不同取值情况下的各方案总体感知价值，结果见表 6–20。

表 6–20　参数取值不同时的总体感知价值和排序结果

	ξ_1	ξ_2	ξ_3	ξ_4	排序结果
λ_1	0.000	0.971	0.362	1.000	$x_4 > x_3 > x_2 > x_1$
λ_2	0.000	0.973	0.342	1.000	$x_4 > x_3 > x_2 > x_1$
λ_3	0.000	0.976	0.336	1.000	$x_4 > x_3 > x_2 > x_1$
λ_4	0.000	0.979	0.334	1.000	$x_4 > x_3 > x_2 > x_1$
λ_5	0.000	0.981	0.333	1.000	$x_4 > x_3 > x_2 > x_1$

根据表 6–20 中数据可知，本例中不管参数 λ 取值为多少，4 个备选公司的排序都为 $x_4 > x_3 > x_2 > x_1$，即公司 x_4 为最优选择。

为了分析乐观系数 α 值的大小对方案排序的影响，本小节拟取

α 值的极端情况，即 α =0 和 α =1 对实例进行分析。当 α =0 时，表明决策者持最悲观的态度，当 λ =1 时，计算得到的方案总体感知价值为：ξ_1=0.258，ξ_2=1.000，ξ_3=0.000，ξ_4=0.962，此时方案的排序为 $x_2 > x_4 > x_1 > x_3$ 且 x_2 公司为最优选择。当 α =1 时，表明决策者持最乐观的态度，当 λ =1 时，计算得到的方案总体感知价值为：ξ_1=0.000，ξ_2=1.000，ξ_3=0.687，ξ_4=0.984 此时方案的排序为 $x_2 > x_4 > x_3 > x_1$ 且 x_2 公司为最优选择。由此可知，乐观系数会对方案排序产生较大影响，决策结果取决于决策者的乐观程度。

本节对概率不确定的离散型灰色随机多准则决策问题进行了研究，结合 Hurwicz 准则和 TODIM 的思想，提出了一种决策方法。在概率信息完全不确定的情况下，该方法用一种简单的方式对问题进行了处理，同时将决策者的乐观态度考虑在内，有着广泛的应用背景。由于目前未见其他处理概率不确定的随机决策问题的相关研究，因此本节不作比较分析。

6.4 本章小结

本章基于有限理性提出了三种决策方法：基于前景理论和 SMAA 的灰色随机多准则决策方法、基于后悔理论和 TOPSIS 的灰色随机多准则决策方法、基于 Hurwicz 和 TODIM 的灰色随机多准则决策方法。在基于前景理论的决策方法中，选择了其他方案评价值作为参考点，通过将计算所得前景值替换原 SMAA 方法中的效用值对方案进行了排序，解决了概率确定的灰色随机多准则决策问题。为了方便比较，结合 TODIM 的思想，本章还提出了基于前景理论和 TODIM 的灰色随机多准则决策方法。在基于后悔理论的多准则决策方法中，通过计算各准则下各备选方案的后悔值并结合 TOPSIS 方法解决概率不完全确定的灰色随机多准则决策问题，同时还和基于前景理论和 VIKOR 以及基于期望可能度的灰色随机多准则决策方法进行了比较。在基于 Hurwicz 的决策方法中，先根据 Hurwicz 准则获取各准则下各方案的效用值，然后基于 TODIM 对概率完全不确定的灰色随机多准则决策问题进行了分析。

7　实例分析

　　20世纪90年代以来，计算机、信息通信等高新技术的迅猛发展为各国的工业化发展指出了一条技术含金量高，经济效益好，资源消耗低、环境污染少，人力资源优势得到充分发挥的新型工业化道路。目前，依托新型工业化道路实现经济飞速发展的国家中，既有老牌的经济强国，如美国、英国等，也有原来的小国、贫国，如日本、韩国等。它们的崛起并非由于资源的堆积，而是源于立足新技术的新型工业化。

　　我国工业化进程经历了从以第一产业为主的初级工业化阶段到以第二、三产业为主的工业化后期阶段，但这一进程是快速推进的、发展极不平衡的以及低成本出口导向的工业化。走新型工业化道路，实现传统产业的转型升级和向高端领域的跨越式发展是我国工业发展的必然选择。自党的十六大提出新型工业化的理论以来，我国各地在总结早期工业化发展的经验和教训的基础上，借鉴发达国家和我国工业经济发达地区新型工业化发展的理论和实践经验，加速智能化发展进程、培育战略性新兴产业、全面提升创新能力、扩大产业集聚效应、实现工业绿色发展、推进产业结构优化升级，实现了跨越式的发展。

Z市是我国"一五"期间国家重点建设的工业城市之一，随着新型工业化的不断推进，Z市的工业经济跃上了新台阶，工业结构取得了新调整，产业转型迈出了新步伐，园区发展取得了新突破，自主创新取得了新成果。"十三五"期间，Z市新型工业化发展的总体战略为：以实施"中国制造2025"为契机，顺应"互联网+"的发展趋势，强化工业基础能力，重点发展轨道交通、汽车及零部件和新材料等七大产业领域，形成全国具有影响力和竞争力的"先进制造业聚集区"。

新型工业化的建设离不开各工业产业重点项目的支撑，重点项目的建设也有利于推动新型工业化的发展。Z市七大重点产业均根据产业发展实际情况策划、储备了一批项目，并做好了项目建设规划和配套工程建设。由于资源等方面的限制，有必要对各储备项目进行综合评价并选择重点项目进行实施。因此，需要设计一套科学、适用的准则结构体系和多准则决策模型。

本章将应用前述章节所提出的技术和方法，对Z市重点产业的储备项目进行分析和评价，其主要目的不在于得出具体的结论，而在于说明如何应用本书所提出的多准则决策方法帮助决策者对项目进行评价从而选择出需重点实施的项目。

7.1 备选方案

笔者通过对Z市经济和信息化委员会、发展和改革委员会、统计局等事业单位和各重点产业相关企业进行实地调研和访谈，了解到各重点产业储备项目的基本情况，并获取了相关数据。下面将以Z市汽车及零部件产业为例，从该产业储备项目库中筛选出6个项目$X=\{x_1,$

x_2，x_3，x_4，x_5，x_6} 进行评价，具体包括：

（1）新能源低速纯电动车产业项目

该项目具体内容为建设两条全自动纯电动车生产线。

（2）电动汽车基地建设项目

该项目具体内容为建设电动汽车生产厂房、实验室及研发中心、辅助用房等，完成包括冲压生产线、焊装生产线以及总装生产线等在内的各项系统工程。

（3）新能源汽车试验检测能力及产能提升项目

该项目具体内容为新建底盘总装、涂装、充电等厂房，将整车产能扩大到1万台。

（4）车用轻质环保高分子材料产业化项目

该项目具体内容为建设汽车引擎盖板等车用零部件轻质环保化生产线。

（5）汽车板材加工配送及车身制造项目

该项目具体内容是为北汽Z市第二工厂30万辆整车提供汽车板材开卷落料和剪切加工配送、车身冲压及焊接件、汽车模具等配套服务。

（6）高端液压件项目

该项目具体内容为建设4栋高标准厂房，包括总装车间、加工车间、数控加工中心等，配套建设技术研发大楼及综合办公楼、检测中心及物流中心等，总建筑面积约50 000平方米。

7.2 评价准则

重点项目的评价需要考虑多个方面的因素，通过和Z市经济和信息化委员会及重点产业企业相关专家的多次沟通，选取了以下6个主

要维度 $C=\{c_1，c_2，c_3，c_4，c_5，c_6\}$ 对 Z 市汽车及零部件产业储备项目进行评价。它们分别为：

（1）项目投资规模

该准则是指期望未来收回更多资金为目的而对项目投资的资金额，单位为亿元。此准则评价值由决策者根据项目建设内容进行评估。

（2）项目建设周期

该准则是指储备项目从投资意向开始到投资终结的全过程，单位为年。此准则评价值由决策者根据项目建设内容进行评估。目前，Z 市汽车及零部件产业储备项目库中的项目建设周期一般不超过 5 年。

（3）项目预期收益

该准则是指项目建设完成后预期能带来的收益或者回报，单位为亿元。此准则由决策者根据项目投资情况、承担单位的管理水平和市场情况等进行评估。

（4）项目科技含量

该准则考虑项目技术是否处于世界领先水平、是否填补了国内空白或者是否为国内唯一等。此准则由决策者根据项目的科技创新水平、技术人员素质和智能化生产情况等进行评估打分，得分范围为 [0，100]。

（5）项目对环境的影响

该准则是指项目实施过程中对周边环境可能造成的固废和噪声等环境的影响。此准则由决策者根据项目具体实施过程中可能对环境造成的影响进行评估打分，得分范围为 ［0，100］。

（6）项目的社会效益

该准则是指项目的建设对社会带来的积极作用，包括促进地方经济的发展、带动就业、促进社会进步等。此准则由决策者根据项目的实施可能带来的社会效益进行评估打分，得分范围为 [0，100]。

7.3　方案各准则评价值的确定

目前，Z 市主要通过邀请相关专家采用头脑风暴法来对储备项目进行评估，而未考虑构建完善的定量评估体系。实际上，选择合适的准则信息表现形式并构建多准则决策模型对项目进行定量评价会更科学和合理。扩展灰数由于可以灵活地表示为离散、连续及离散和连续并存等多种形式，因而非常适合被用于描述上述储备项目的准则评价信息。如对项目建设周期进行评价时，专家可以使用离散灰数 {3}（即建设周期为 3 年）来描述；对项目预期收益进行评价时，专家可以使用区间灰数 [15，18]（即项目预期收益为 15 至 18 亿元之间）来描述；对项目科技含量进行评估打分时，专家有可能只能给出评价值的大概范围而无法给出确切值，而且多个专家的意见有时候不能达成一致，因此，评价值有可能处于一个或多个区间之间。如有专家给出的评分为 [65，70]，而另一专家给出的评分为 [72，75]，为了综合地考虑专家的评价信息，此时扩展灰数 $[65，70] \cup [72，75]$ 是一个较好的选择。根据以上分析，本节拟邀请专家组对 Z 市汽车及零部件产业上述 6 个储备项目进行评价。

首先，考虑状态概率的获取。

由于市场环境、相关政策等都存在不确定性，Z 市汽车及零部件产业各储备项目每个准则可能面临多个自然状态。假设各储备项目每个准则对应三种可能自然状态，即 θ_1：市场发展状况良好；θ_2：市场发展状况一般；θ_3：市场发展状况较差。在信息缺失的情况下，假设各状态的发生概率均为 1/3。

其次，考虑准则权重的获取。

准则权重的获取可以采用德尔菲法或者层次分析法，这里采用德尔菲法获知专家组对每个准则赋予的权重大小。首先，确定专家的数量为 10 人，并假设每位专家的权重相等。然后，向专家提供 Z 市汽车及零部件产业储备项目相关资料，以匿名方式征求专家对各评价准则权重的意见，为了较好地表达权重信息的不确定性，可以用区间灰数表示权重值。对各专家的意见进行分析汇总，并将统计结果反馈给专家，由专家重新独立修正自己的意见，如此反复几次，得到的各准则权重值为 $0.10 \leqslant w_1 \leqslant 0.15, 0.10 \leqslant w_2 \leqslant 0.15, 0.20 \leqslant w_3 \leqslant 0.40, 0.20 \leqslant w_4 \leqslant 0.40,$ $0.10 \leqslant w_5 \leqslant 0.15, 0.10 \leqslant w_6 \leqslant 0.20$，且满足 $\sum\limits_{j=1}^{6} w_j = 1$。

再次，考虑准则值的获取。

这里邀请专家组给出每个储备项目的每个准则在每个状态下的评价意见，其中，项目投资规模（准则 c_1）、项目建设周期（准则 c_2）和项目预期收益（准则 c_3）的评价值基于储备项目申报单位提供的相关数据给出，项目科技含量（准则 c_4）、项目对环境的影响（准则 c_5）和项目的社会效益（准则 c_6）由专家组根据项目情况进行评分。经整理，具体评价数据见表 7-1 ~ 7-3。

表 7-1　状态 θ_1 下的灰色随机决策矩阵

	c_1	c_2	c_3	c_4	c_5	c_6
x_1	{20}	{5}	[52, 58]	[68, 73]	[65, 70] ∪ [72, 78]	[73, 78] ∪ [82, 85]
x_2	{8}	{3}	[50, 56]	[73, 78]	[70, 75] ∪ [78, 82]	[78, 81] ∪ [85, 88]
x_3	{2}	{2}	[49, 55]	[83, 88]	[75, 78] ∪ [82, 85]	[76, 78] ∪ [80, 83]
x_4	{1.9}	{2}	[5.7, 6.3]	[83, 88]	[75, 80] ∪ [82, 86]	[80, 83] ∪ [85, 88]
x_5	{10}	{4}	[31, 34]	[73, 78]	[65, 70] ∪ [72, 77]	[78, 83] ∪ [84, 87]
x_6	{6.5}	{2}	[10, 11]	[73, 78]	[68, 75] ∪ [78, 80]	[68, 73] ∪ [75, 80]

表 7-2　状态 θ_2 下的灰色随机决策矩阵

	c_1	c_2	c_3	c_4	c_5	c_6
x_1	{20}	{5}	[47, 53]	[65, 70]	[63, 67] ∪ [69, 75]	[70, 75] ∪ [79, 82]
x_2	{8}	{3}	[47, 53]	[70, 75]	[67, 72] ∪ [75, 79]	[75, 78] ∪ [82, 85]
x_3	{2}	{2}	[47, 53]	[80, 85]	[72, 75] ∪ [79, 82]	[73, 75] ∪ [77, 80]
x_4	{1.9}	{2}	[5.5, 6.1]	[80, 85]	[72, 77] ∪ [79, 83]	[77, 80] ∪ [82, 85]
x_5	{10}	{4}	[28.5, 31.5]	[70, 75]	[63, 67] ∪ [69, 74]	[75, 80] ∪ [81, 83]
x_6	{6.5}	{2}	[9.5, 10.5]	[70, 75]	[65, 72] ∪ [75, 77]	[65, 70] ∪ [72, 77]

表 7-3　状态 θ_3 下的灰色随机决策矩阵

	c_1	c_2	c_3	c_4	c_5	c_6
x_1	{20}	{5}	[42, 48]	[62, 67]	[60, 64] ∪ [66, 72]	[67, 72] ∪ [76, 79]
x_2	{8}	{3}	[43, 50]	[67, 72]	[64, 69] ∪ [72, 76]	[72, 75] ∪ [79, 82]
x_3	{2}	{2}	[45, 51]	[77, 83]	[69, 72] ∪ [76, 79]	[70, 72] ∪ [74, 77]
x_4	{1.9}	{2}	[5.3, 5.9]	[77, 83]	[69, 74] ∪ [76, 80]	[74, 77] ∪ [79, 82]
x_5	{10}	{4}	[26, 29]	[67, 72]	[60, 64] ∪ [66, 71]	[72, 77] ∪ [79, 80]
x_6	{6.5}	{2}	[9, 10]	[67, 72]	[62, 69] ∪ [72, 74]	[62, 67] ∪ [69, 74]

7.4　方案评估

本节拟根据不同的情况对 Z 市汽车及零部件产业储备项目进行评价，若效用函数已知，则采用基于距离测度的方法进行分析；若只能得到部分效用函数信息，则采用基于随机优势的方法进行分析；若信息大量缺失，则采用基于随机多目标可接受度的方法进行分析；若将决策者的有限理性行为考虑在内，则采用基于有限理性的方法进行分析。

7.4.1　基于距离测度的分析

本小节运用本书第三章提出的方法对问题进行分析，首先对决策矩阵进行规范化处理，在本实例中，项目投资规模和建设周期为成本型准则，其他为效益型准则。

然后，通过运用公式（3-21）计算得到期望值决策矩阵，结果见表 7-4。

表 7-4（1） 期望值灰色随机决策矩阵

	c_1	c_2	c_3	c_4
x_1	{0.095}	{0.400}	[0.869，0.980]	[0.761，0.820]
x_2	{0.238}	{0.667}	[0.864，0.982]	[0.820，0.879]
x_3	{0.950}	{1.000}	[0.871，0.983]	[0.937，1.000]
x_4	{1.000}	{1.000}	[0.102，0.113]	[0.937，1.000]
x_5	{0.190}	{0.500}	[0.527，0.583]	[0.820，0.879]
x_6	{0.292}	{1.000}	[0.176，0.195]	[0.820，0.879]

表 7-4（2） 期望值灰色随机决策矩阵

	x_5	x_6
x_1	[0.755，0.807] ∪ [0.831，0.904]	[0.823，0.882] ∪ [0.929，0.965]
x_2	[0.807，0.867] ∪ [0.904，0.952]	[0.882，0.918] ∪ [0.965，1.000]
x_3	[0.867，0.904] ∪ [0.952，0.988]	[0.859，0.882] ∪ [0.906，0.941]
x_4	[0.867，0.928] ∪ [0.952，1.000]	[0.906，0.941] ∪ [0.965，1.000]
x_5	[0.755，0.807] ∪ [0.831，0.892]	[0.882，0.941] ∪ [0.957，0.980]
x_6	[0.783，0.867] ∪ [0.904，0.928]	[0.765，0.823] ∪ [0.867，0.906]

利用公式（3-22）和（3-23）确定正负理想解。

其中，正理想解为：

$$R^+ = (\otimes r^+_1, \otimes r^+_2, \otimes r^+_3, \otimes r^+_4, \otimes r^+_5, \otimes r^+_6)$$

$$= (\{1.000\}, \{1.000\}, [0.983, 0.983], [1.000, 1.000], [1.000, 1.000],$$

$$[1.000, 1.000])$$

负理想解为：

$$R^- = (\otimes r^-_1, \otimes r^-_2, \otimes r^-_3, \otimes r^-_4, \otimes r^-_5, \otimes r^-_6)$$

$$= (\{0.095\}, \{0.400\}, [1.102, 0.102], [0.761, 0.761], [0.755, 0.755],$$

$$[0.765, 0.765])$$

利用公式（3-24）~（3-26），得到权重求解优化模型：

$$\begin{cases} \max D(w) = 13.72w_1 + 9.667w_2 + 13.370w_3 + 2.494w_4 + 1.438w_5 + 1.306w_6 \\ \sum_{j=1}^{6} w_j = 1, \quad w_j \geqslant 0, \quad j = 1, 2, 3, 4, 5, 6 \\ 0.1 \leqslant w_1 \leqslant 0.2 \\ 0.1 \leqslant w_2 \leqslant 0.15 \\ 0.2 \leqslant w_3 \leqslant 0.4 \\ 0.2 \leqslant w_4 \leqslant 0.4 \\ 0.1 \leqslant w_5 \leqslant 0.15 \\ 0.1 \leqslant w_6 \leqslant 0.2 \end{cases}$$

通过计算，可以求解出权重向量为 $\boldsymbol{w}^* = ($ 0.2，0.1，0.3，0.2，0.1，0.1)。

利用扩展灰数广义距离公式、求解得到的权重向量以及公式（3-27）～（3-29），可以计算得到各储备项目的群体效用值 S_i、个体遗憾值 R_i 和折衷评价值 Q_i，结果见表 7-5 ～ 7-7。

表 7-5 各储备项目的 S_i 值

	S_1	S_2	S_3	S_4	S_5	S_6	根据 S_i 值排序
$\lambda = 1$	0.591	0.426	0.116	0.357	0.619	0.660	$x_3 > x_4 > x_2 > x_1 > x_5 > x_6$
$\lambda = 2$	0.519	0.382	0.104	0.269	0.520	0.518	$x_3 > x_4 > x_2 > x_6 > x_1 > x_5$
$\lambda = 3$	0.503	0.374	0.103	0.248	0.498	0.485	$x_3 > x_4 > x_2 > x_6 > x_5 > x_1$
$\lambda = 4$	0.498	0.372	0.103	0.239	0.489	0.472	$x_3 > x_4 > x_2 > x_6 > x_5 > x_1$
$\lambda = 5$	0.496	0.372	0.104	0.234	0.486	0.466	$x_3 > x_4 > x_2 > x_6 > x_5 > x_1$

表 7-6 各储备项目的 R_i 值

	R_1	R_2	R_3	R_4	R_5	R_6	根据 R_i 值排序
$\lambda = 1$	0.200	0.169	0.038	0.298	0.179	0.272	$x_3 > x_2 > x_5 > x_1 > x_6 > x_4$
$\lambda = 2$	0.200	0.169	0.029	0.211	0.179	0.192	$x_3 > x_2 > x_5 > x_6 > x_1 > x_4$
$\lambda = 3$	0.200	0.169	0.027	0.188	0.179	0.171	$x_3 > x_2 > x_6 > x_5 > x_4 > x_1$
$\lambda = 4$	0.200	0.169	0.027	0.177	0.179	0.161	$x_3 > x_6 > x_2 > x_4 > x_5 > x_1$
$\lambda = 5$	0.200	0.169	0.027	0.171	0.179	0.156	$x_3 > x_6 > x_2 > x_4 > x_5 > x_1$

表 7-7   各储备项目的 Q_i 值

	Q_1	Q_2	Q_3	Q_4	Q_5	Q_6	根据 Q_i 值排序
$\lambda=1$	0.749	0.536	0.001	0.722	0.734	0.950	$x_3 > x_2 > x_4 > x_5 > x_1 > x_6$
$\lambda=2$	0.969	0.718	0.000	0.698	0.913	0.946	$x_3 > x_4 > x_2 > x_5 > x_6 > x_1$
$\lambda=3$	1.000	0.748	0.000	0.646	0.932	0.894	$x_3 > x_4 > x_2 > x_6 > x_5 > x_1$
$\lambda=4$	1.000	0.750	0.000	0.607	0.928	0.855	$x_3 > x_4 > x_2 > x_6 > x_5 > x_1$
$\lambda=5$	1.000	0.752	0.000	0.583	0.927	0.836	$x_3 > x_4 > x_2 > x_6 > x_5 > x_1$

根据 VIKOR 方法的原理和表 7-5 ～ 7-7 中数据对储备项目进行排序，可知当参数取值不同时，最佳折衷储备项目都为新能源汽车试验检测能力及产能提升项目（x_3）。参数的大小对其他储备项目的排序造成了一定的影响，当参数取值为 1 时，电动汽车基地建设项目优于车用轻质环保高分子材料产业化项目，当参数为其他取值时，两者排序情况刚好相反。当参数取值为 1 和 2 时，汽车板材加工配送及车身制造项目优于高端液压件项目，当参数为其他取值时，两者排序情况相反。决策者可以根据实际情况选择合适的参数值。

7.4.2   基于随机优势的分析

上一小节的分析是基于效用函数已知的假定，实际上专家组在给定未来不同状态下的准则评价值时均表示存在困难，给出的评价值不确定性程度较大。若只能得到部分效用函数信息（假设使用表 7-2 中准则评价信息），则可以考虑利用本书第四章提出的基于随机优势的方法对储备项目进行排序。

首先，判断各准则下两两储备项目之间的扩展灰数随机优势关系并计算相应的扩展灰数随机优势度。然后，假定各准则的权重信息为 $\boldsymbol{w}$=（0.2，0.1，0.3，0.2，0.1，0.1），计算两两储备项目之间的总体随机优势度，所得数据见表 7-8。

表 7-8 两两储备项目之间的总体随机优势度

	x_1	x_2	x_3	x_4	x_5	x_6
x_1	0.000	0.000	0.000	0.281	0.269	0.318
x_2	0.504	0.000	0.038	0.281	0.595	0.369
x_3	0.563	0.496	0.000	0.281	0.774	0.748
x_4	0.579	0.514	0.251	0.000	0.545	0.477
x_5	0.463	0.000	0.031	0.282	0.000	0.341
x_6	0.436	0.296	0.000	0.265	0.315	0.000

对所有储备项目之间进行了随机优势判断并计算了随机优势度之后，可以和基于优序关系的多准则决策方法相结合对储备项目进行评价。本小节拟采用基于随机优势和 PROMETHEE Ⅱ 的方法对问题进行分析。利用公式（4-12）～（4-14），计算得到各储备项目的出流、入流和净流。

$\Phi^+(x_1)$ =0.867，$\Phi^+(x_2)$ =1.786，$\Phi^+(x_3)$ =2.862，$\Phi^+(x_4)$ =2.366，$\Phi^+(x_5)$ =1.117，$\Phi^+(x_6)$ =1.315；

$\Phi^-(x_1)$ =2.544，$\Phi^-(x_2)$ =1.307，$\Phi^-(x_3)$ =0.319，$\Phi^-(x_4)$ =1.389，$\Phi^-(x_5)$ =2.498，$\Phi^-(x_6)$ =2.252；

$\Phi(x_1)$ =-1.677，$\Phi(x_2)$ =0.479，$\Phi(x_3)$ =2.543，$\Phi(x_4)$ =0.977，$\Phi(x_5)$ =-1.381，$\Phi(x_6)$ =-0.940。

比较各储备项目净流值的大小，可知 $\Phi(x_3) > \Phi(x_4) > \Phi(x_2) > \Phi(x_6) > \Phi(x_5) > \Phi(x_1)$，因此，方案排序为 $x_3 > x_4 > x_2 > x_6 > x_5 > x_1$，最佳储备项目仍为新能源汽车试验检测能力及产能提升项目（x_3）。

7.4.3 基于随机多目标可接受度的分析

上一小节的分析是基于专家组偏好信息已知的假定而得出，实际上专家的偏好信息存在不确定性。若只能获取部分专家偏好信息或者专家偏好信息完全未知（假设使用表 7-2 中准则评价信息），则可以考虑利用本书第五章提出的基于随机多目标可接受度的方法对 Z 市汽车及零部件产业储备项目进行排序。

首先，对决策矩阵进行规范化处理，然后根据公式（5-26）和（5-28）计算每个准则下储备项目对的和谐性指数和不和谐性指数。为方便起见，这里假设每个准则 c_j 下的偏好阈值、无差异阈值和否决阈值为 $p_j=0.15$，$q_j=0.05$，$v_j=0.20$。部分计算结果如下所示：

$c_1 (x_1, x_2) =[0.070，0.070]$，$c_2 (x_2, x_3) =[0.000，0.000]$，$c_3 (x_1, x_2) =[1.000，1.000]$；

$d_1 (x_1, x_2) =[0.000，0.000]$，$d_2 (x_2, x_3) =[1.000，1.000]$，$d_3 (x_1, x_2) =[0.000，0.000]$。

利用公式（5-30）～（5-32），可以计算得到各准则下各储备项目对的可信度指数、相对可信度指数和排序指数。如 $s_1 (x_1, x_2) =[0.070，0.070]$，$s_2 (x_2, x_3) =[0.000，0.000]$，$s_3 (x_1, x_2) =[1.000，1.000]$；$rs_1 (x_1, x_2) =[-0.930，-0.930]$，$rs_2 (x_2, x_3) =[-1.000，-1.000]$，$rs_3 (x_1, x_2) =[0.000，0.000]$；$I_1 (x_1) =[-4.380，-4.380]$，$I_2 (x_3) =[4.000，4.000]$，$I_3 (x_1) =[1.990，4.050]$。

构建 SMAA-ELECTRE 模型，利用 MATLAB 工具进行计算，可以得到权重信息未知情况下每个储备项目任意排名的可接受度和置信度，结果见表 7-9。

表 7-9　置信度和可接受度（权重信息未知）

方案	p	b^1	b^2	b^3	b^4	b^5	b^6
x_1	1.00	0.00	0.00	0.07	0.10	0.23	0.60
x_2	0.23	0.01	0.20	0.51	0.27	0.01	0.00
x_3	1.00	0.81	0.18	0.01	0.00	0.00	0.00
x_4	0.42	0.18	0.61	0.14	0.04	0.03	0.01
x_5	1.00	0.00	0.00	0.02	0.22	0.57	0.19
x_6	1.00	0.00	0.00	0.26	0.37	0.16	0.20

根据以上分析可知在专家组偏好信息完全未知的情况下，仍然能够得到储备项目的排序，即 $x_3 > x_4 > x_2 > x_6 > x_5 > x_1$，此结果和运用基于随机优势和 PROMETHEE Ⅱ 方法得到的结果保持一致。而且从表中数据可以看出除了储备项目 x_2 和 x_4 的置信度比较低以外，其他方案的置信度都非常高，说明结果比较可靠。

在实际决策时，若能得到部分专家组偏好信息，可以得到更为精确的结果。如当偏好信息为 $0.10 \leqslant w_1 \leqslant 0.20$，$0.10 \leqslant w_2 \leqslant 0.15$，$0.20 \leqslant w_3 \leqslant 0.40$，$0.20 \leqslant w_4 \leqslant 0.40$，$0.10 \leqslant w_5 \leqslant 0.15$，$0.10 \leqslant w_6 \leqslant 0.20$，且 $\sum_{j=1}^{6} w_j = 1$ 时，计算得到的每个储备项目任意排名的可接受度和置信度见表 7–10。

表 7–10　置信度和可接受度（权重信息部分已知）

方案	p	b^1	b^2	b^3	b^4	b^5	b^6
x_1	1.00	0.00	0.00	0.00	0.29	0.37	0.34
x_2	1.00	0.00	0.29	0.71	0.00	0.00	0.00
x_3	1.00	1.00	0.00	0.00	0.00	0.00	0.00
x_4	1.00	0.00	0.71	0.29	0.00	0.00	0.00
x_5	1.00	0.00	0.00	0.00	0.18	0.34	0.48
x_6	1.00	0.00	0.00	0.00	0.53	0.29	0.17

从表 7–10 可以看出，当专家组偏好信息部分已知时，各储备项目的排序为 $x_3 > x_4 > x_2 > x_6 > x_1 > x_5$，与偏好信息完全未知时得到的结果大部分保持一致。此时，各储备项目排序的置信度都为 1，说明计算结果比偏好信息未知时更加可靠。

7.4.4　基于有限理性的分析

上述三个小节的分析是基于决策专家完全理性的假定而得出，实际上由于决策环境的不确定性、专家的知识水平、决策时间等方面的限制，决策专家往往是在有限理性行为下进行的决策。因此，可以利用本书第六章提出的基于有限理性的方法对储备项目进行评价。

在 7.3 节考虑未来市场各自然状态概率的获取时，由于信息的缺失，采用的方法是假定 Z 市汽车及零部件产业各储备项目各准则面临的自然状态发生概率均为 1/3。若各自然状态概率信息完全未知，可以考虑利用基于 Hurwicz 和 TODIM 的方法进行分析。

首先，确定乐观系数。Z 市"十三五"期间汽车及零部件产业总产值增长率目标为 16.5%，高于全市工业产业增长率平均水平，说明决策专家对 Z 市汽车及零部件产业未来的发展持较为乐观的态度。通过和专家的沟通，假设乐观系数为 $\alpha = 0.7$，即决策专家介于乐观和悲观之间，且更偏向于乐观。根据公式（6-31）可以得到各准则下各方案的效用值，根据公式（6-32）和（6-33），可以得到规范化后的效用值决策矩阵，结果见表 7-11。

表 7-11（1） 规范化后的效用值决策矩阵（ $\alpha = 0.7$ ）

	c_1	c_2	c_3	c_4
x_1	{0.095}	{0.400}	[0.891, 1.000]	[0.765, 0.823]
x_2	{0.238}	{0.667}	[0.871, 0.985]	[0.823, 0.881]
x_3	{0.950}	{1.000}	[0.869, 0.978]	[0.939, 1.000]
x_4	{1.000}	{1.000}	[0.101, 0.112]	[0.939, 1.000]
x_5	{0.190}	{0.500}	[0.536, 0.591]	[0.823, 0.881]
x_6	{0.292}	{1.000}	[0.176, 0.195]	[0.823, 0.881]

表 7-11（2） 规范化后的效用值决策矩阵（ $\alpha = 0.7$ ）

	c_5	c_6
x_1	[0.754, 0.810] ∪ [0.834, 0.905]	[0.826, 0.884] ∪ [0.930, 0.965]
x_2	[0.810, 0.869] ∪ [0.905, 0.952]	[0.884, 0.919] ∪ [0.965, 1.000]
x_3	[0.869, 0.905] ∪ [0.952, 0.988]	[0.861, 0.884] ∪ [0.907, 0.942]
x_4	[0.869, 0.929] ∪ [0.952, 1.000]	[0.907, 0.942] ∪ [0.965, 1.000]
x_5	[0.754, 0.810] ∪ [0.834, 0.893]	[0.884, 0.942] ∪ [0.965, 1.000]
x_6	[0.786, 0.869] ∪ [0.905, 0.929]	[0.768, 0.826] ∪ [0.849, 0.907]

根据 TODIM 的思想计算方案之间的优势度，当参数 $\lambda = 1$ 时，计

算得到的方案优势度，结果见表7–12。

表7–12　方案优势度

	x_1	x_2	x_3	x_4	x_5	x_6
x_1	0.000	−4.248	−6.104	−6.472	−2.472	−4.077
x_2	0.325	0.000	−5.016	−5.132	0.212	−1.757
x_3	0.207	0.073	0.000	−0.834	0.648	1.115
x_4	−0.668	−0.820	−1.497	0.000	−1.285	−0.541
x_5	−0.895	−3.498	−6.806	−5.860	0.000	−3.170
x_6	−1.633	−2.798	−5.426	−4.042	−1.528	0.000

根据公式（6–37）计算各方案的总体感知价值，计算结果见表7–13。

表7–13　参数取值不同时的总体感知价值和排序结果

	ξ_1	ξ_2	ξ_3	ξ_4	ξ_5	ξ_6	根据 S_i 值排序
$\lambda=1$	0.000	0.488	1.000	0.755	0.128	0.323	$x_3 > x_4 > x_2 > x_6 > x_5 > x_1$
$\lambda=2$	0.000	0.490	1.000	0.762	0.128	0.316	$x_3 > x_4 > x_2 > x_6 > x_5 > x_1$
$\lambda=3$	0.000	0.490	1.000	0.767	0.128	0.312	$x_3 > x_4 > x_2 > x_6 > x_5 > x_1$
$\lambda=4$	0.000	0.491	1.000	0.769	0.129	0.309	$x_3 > x_4 > x_2 > x_6 > x_5 > x_1$
$\lambda=5$	0.000	0.491	1.000	0.771	0.131	0.307	$x_3 > x_4 > x_2 > x_6 > x_5 > x_1$

从以上数据可以看出，随着参数 λ 值的不断增大，方案 x_2，x_4 和 x_5 的总体感知价值即 ξ_2，ξ_4 和 ξ_5 不断增大，ξ_1 和 ξ_3 保持不变，而 ξ_6 则不断减少，虽然在本实例中，不管参数 λ 取值为多少，排序结果都为 $x_3 > x_4 > x_2 > x_6 > x_5 > x_1$，然而在其他实例中，排序结果有可能因参数取值变化而变化。

本节的分析表明，对于新型工业化建设背景下 Z 市汽车及零部件产业储备项目的评估问题，根据不同的决策环境，可运用本书所提出的不同类型的方法予以解决。当效用函数和各自然状态发生概率已知时，运用本书第三章所提出的基于期望效用和距离测度的灰色随机多准则决策方法对各储备项目进行分析，可以得到最佳折衷储备项目为 x_3，当参数 λ 值发生变化时，方案排序结果略有不同，当参数 λ 值为

1 时，排序结果为 $x_3 > x_2 > x_4 > x_5 > x_1 > x_6$，当参数 $\lambda \geqslant 2$ 时，方案的排序为 $x_3 > x_4 > x_2 > x_6 > x_5 > x_1$。当只能得到部分效用函数信息时，运用本书第四章所提出的基于随机优势的灰色随机多准则决策方法对各储备项目进行分析，可以得到方案排序为 $x_3 > x_4 > x_2 > x_6 > x_5 > x_1$，最佳方案为新能源汽车试验检测能力及产能提升项目（x_3）。当决策者偏好信息大量缺失时，可以运用本书第五章所提出的基于随机多目标可接受度的灰色随机多准则决策方法对各储备项目进行分析。当决策者偏好信息完全未知时，各储备项目的排序结果为 $x_3 > x_4 > x_2 > x_6 > x_5 > x_1$，当决策者偏好信息部分已知时，各储备项目的排序为 $x_3 > x_4 > x_2 > x_6 > x_1 > x_5$，决策者偏好信息掌握得越充分，则决策结果越精确。若各自然状态概率完全未知，则可以运用本书第六章所提出的基于 Hurwicz 和 TODIM 的灰色随机多准则方法对各储备项目进行分析，得到的各储备项目的排序结果为 $x_3 > x_4 > x_2 > x_6 > x_5 > x_1$。各种情况下储备项目排序结果基本保持一致，且得到了 Z 市经济和信息化委员会和汽车及零部件产业相关专家的认可。

因此，在本实例中，新能源汽车试验检测能力及产能提升项目（x_3）和车用轻质环保高分子材料产业化项目（x_4）是决策者更为偏好的，这两个项目的特点主要表现在项目科技含量评价高、投资周期短和收益投资比较高等。对于这两个项目应该加强其基础设施建设及配套工程建设，推动项目尽快建成投产。而新能源低速纯电动车产业项目（x_1）和汽车板材加工配送及车身制造项目（x_5）是相对而言决策者偏好程度较低的，这两个项目的问题在于项目科技含量、对环境的影响评价低，项目投资周期长和项目收益投资比较低等。对于这两个项目应该及时协调解决项目建设中存在的问题，在资源允许的情况下促进项目尽快开工建设。

7.5 本章小结

本章对新型工业化建设背景下的 Z 市汽车及零部件产业储备项目评价问题进行了研究，根据不同情况运用前文所提出的灰色随机多准则决策方法进行了分析。如果决策专家能给出未来不同状态下的各储备项目各准则的评价值，则可以运用基于期望效用和距离测度的灰色随机多准则决策方法进行分析；如果仅能得到部分效用函数信息，则可以运用基于随机优势的方法进行分析；如果专家偏好信息未知或者不完全，则可以运用基于随机多目标可接受度的方法进行分析；最后考虑专家的有限理性行为，运用基于有限理性的方法对问题进行分析。各决策方法得到的结果具有比较强的一致性，并且得到了专家的认可。因此，本书所提出的灰色随机多准则决策方法具有较强的灵活性和适用性，能给决策者提供很好的参考。

8 结论与展望

在经济、农业、医疗、生态、气象等众多科学领域中，存在着大量的灰色多准则决策问题、随机多准则决策问题和灰色随机多准则决策问题。其中，灰色随机多准则决策问题是重要的组成部分，它同时考虑了事物的灰色性和随机性。在现有的灰色随机多准则决策相关研究中，决策问题评价信息多以区间灰数形式表示，其在表达离散信息方面存在一定的不足。而结合了离散灰数和区间灰数特点的扩展灰数则能较全面地表达灰色不确定信息，使决策者能更好地处理实际决策问题中的不确定性。基于此，本书对基于扩展灰数的随机多准则决策问题展开了深入研究，以满足实际决策需要。

8.1 本书的主要研究成果及结论

针对基于扩展灰数的随机多准则决策问题，本书的主要研究成果及结论包含以下几个方面：

（1）关于扩展灰数新的比较规则和距离测度的定义以及在此基础上进行的基于距离测度的灰色随机多准则决策方法的研究。

在实际决策中，由于知识结构、认知水平、经验和偏好等的差异，决策者提供的决策评价信息有可能是离散形式、连续形式或离散和连续并存的形式。为了将所有决策者的评价信息都考虑在内，有必要使用扩展灰数作为决策信息的表现形式。同样地，在比较两个不同的扩展灰数或测度两者之间的相离程度时，也需要考虑所有决策者的评价信息。目前已有文献通过定义可能度公式来比较两个扩展灰数的大小，通过提出 Hausdorff 距离公式来测度两个扩展灰数之间的相离程度。扩展灰数 Hausdorff 距离公式取两个扩展灰数之间双向距离的较大者，度量的仅是两者之间的最大不匹配程度，并未将扩展灰数所有元素的相离信息考虑在内。基于此，本书定义了扩展灰数新的比较规则和广义距离公式，考虑了扩展灰数的所有组成元素。

基于扩展灰数广义距离公式和 VIKOR 方法的思想，本书提出了一种灰色随机多准则决策方法，该方法综合考虑了群体效用的最大化和个体遗憾的最小化，计算简单直接，具有一定的优势。

基于扩展灰数广义距离和 OWA 算子，本书提出了扩展灰数有序加权平均广义距离（EGHOWAGD）算子及相应的灰色随机多准则决策方法。所提出的 EGHOWAGD 算子集合了距离测度和集结算子的优点，既考虑了每个扩展灰数评价值自身的重要性程度，又考虑了其与正理想解之间距离所在位置的重要性程度，其距离位置权重由模糊语言量化函数计算得到，消除了主观因素的影响，提高了决策的合理性和科学性。

（2）关于扩展灰数随机优势关系的定义以及在此基础上进行的基于随机优势的灰色随机多准则决策方法的研究。

在日益复杂多变的决策环境下，决策者往往无法获得全部相关信息，而只能获取部分信息，随机优势是解决此类情况的较好方法。由于扩展灰数形式较为复杂，其有可能是离散形式、区间形式或者离散和区间并存的形式，因此需要分成三种情况分别进行讨论。本书将这三种形式的扩展灰数转化为带有累积分布函数的形式，然后在此基础上定义了扩展灰数随机优势准则和扩展灰数随机优势度。

基于扩展灰数随机优势和优序关系模型，本书分别提出了基于随机优势和 PROMETHEE Ⅱ 的灰色随机多准则决策方法与基于随机优势和 ELECTRE Ⅲ 的灰色随机多准则决策方法。基于随机优势和 PROMETHEE Ⅱ 的方法简单明了，易于操作和计算；基于随机优势和 ELECTRE Ⅲ 的方法考虑了两两方案之间随机优势度差值的大小，但阈值不易确定且带有一定的主观性。两种方法各有优势，应用领域广泛。

（3）关于扩展灰数优序关系模型和绝对优势关系模型的构建以及在此基础上进行的基于随机多目标可接受度的灰色随机多准则决策方法的研究。

在实际多准则决策中，还有可能存在信息大量缺失的情况，包括准则评价信息的不确定性和权重信息的不确定性。SMAA 是一种有效的解决信息大量缺失情况下的随机多准则决策方法，其通过对各备选方案选为最优方案的概率来对方案进行排序。

原 SMAA 方法利用效用函数采用逆权重空间的方法对备选方案进行排序，本书考虑扩展灰数优序关系和绝对优势关系，用排序指数和绝对优势值代替效用函数提出了两种基于 SMAA 的灰色随机多准则决策方法，即基于 SMAA-ELECTRE 的灰色随机多准则决策方法和基于 SMAA-AD 的灰色随机多准则决策方法。所提出的方法能解决决策者偏好信息完全不确定、不完全确定和完全确定下的灰色随机多准则决策问题，而且信息越完备，决策结果越精确。

（4）关于灰色随机决策环境下决策者有限理性行为的考虑以及在此基础上进行的基于有限理性的灰色随机多准则决策方法的研究。

在前述研究中，决策者均在完全理性的假设下得到最优结果。随着决策者本身的非理性因素和决策环境的复杂化和动态化，决策时往往还需要考虑心理、风险态度等因素。基于前景理论、后悔理论和TODIM等有限理性行为理论和方法以及距离测度、SMAA、Hurwicz准则等，本书提出了三种基于有限理性的决策方法。

基于前景理论的灰色随机多准则决策方法考虑了决策者的损失规避特征，选择其他方案评价值作为参考点，给出了价值函数、概率权重函数和前景函数的公式，然后和SMAA方法相结合采用逆权重空间的方法对方案进行排序。该方法能灵活地解决准则权重信息完全未知、部分未知和完全已知情况下的灰色随机多准则决策问题。

基于后悔理论的灰色随机多准则决策方法考虑了决策者的后悔规避特征，给出了效用函数、后悔－欣喜函数和感知效用函数的公式，然后根据总体感知效用价值区间采用TOPSIS方法对方案进行排序。该方法具有涉及参数少、计算简单、操作性强等特点。

基于Hurwicz的灰色随机多准则决策方法用于解决概率完全不确定情况下的离散型灰色随机多准则问题。Hurwicz准则用于处理概率完全不确定的决策信息，根据决策者的风险态度确定乐观系数以得到方案效用值，然后利用TODIM方法得到方案的排序。该方法思路简单清晰、易于计算、考虑了决策者的有限理性行为，有较高的实际应用价值。

8.2 研究展望

本书对评价信息为扩展灰数的灰色随机多准则决策问题进行了深入的研究，虽然取得了一些研究成果，但还有很多问题值得考虑，需要进一步完善。

（1）本书主要侧重于对概率确定、不完全确定的离散型灰色随机多准则决策问题和连续型灰色随机多准则决策问题进行研究，而对于概率不确定的离散型灰色随机多准则决策问题仅提出了基于 Hurwicz-TODIM 的决策方法。用于概率不确定的决策方法虽多，却鲜见其拓展到灰色随机多准则决策中，因此，基于概率不确定的离散型灰色随机多准则决策问题还有待进一步的研究。

（2）本书所提出的基于扩展灰数的随机多准则决策方法主要考虑的是准则之间相互独立、不具有优先级别关系的灰色随机多准则决策问题，对于准则间具有相关关系和准则具有优先级别关系的灰色随机多准则决策问题还需要进一步研究。

（3）本书主要关注的是静态环境下的灰色随机多准则决策问题，而对动态变化的、多周期的灰色随机多准则决策问题未有考虑。如何将随机博弈法、随机动态规划法等动态环境下的决策方法拓展到灰色随机多准则决策中是需要进一步研究的问题。

参考文献

［1］Lahdelma R，Salminen P，Hokkanen J. Using multi criteria methods in environmental planning and management［J］. Environmental management，2000，26（6）：595 – 605.

［2］岳超源，决策理论与方法［M］.北京:科学出版社，2003.

［3］Gómez-Limón J A，Arriaza M，Riesgo L. An MCDM analysis of agricultural risk aversion［J］. European Journal of Operational Research，2003，151（3）：569–585.

［4］Peng J J，Wang J Q，Wang J，et al. An extension of ELECTRE to multi–criteria decision–making problems with multi–hesitant fuzzy sets［J］. Information Sciences，2015，307: 113–126.

［5］Vaidogas E R，Sakenaite J. Multi–attribute decision–making in economics of fire protection［J］. Engineering Economics，2011，22（3）：262–270.

［6］Zhou H，Wang J，Li X E，et al. Intuitionistic hesitant linguistic sets

and their application in multi-criteria decision-making problems [J].
Operational Research: An International Journal, 2016, 16 (1):
131-160.

[7] Dolan J G. Multi-criteria clinical decision support: a primer on the use of multiple criteria decision making methods to promote evidence-based, patient-centered healthcare [J]. The Patient: Patient-Centered Outcomes Research, 2010, 3 (4): 229-248.

[8] Cochrane J L, Zeleny M. Multiple Criteria Decision Making [M]. Columbia: University of South Carolina Press, 1973.

[9] Figueira J, Greco S, Ehrgott M. Multiple Criteria Decision Analysis: State of the Art Surveys [M]. Boston: Springer, 2005.

[10] 刘思峰, 郭天榜, 党耀国. 灰色系统理论及其应用 [M]. 北京: 科学出版社, 2010.

[11] Yang Y J. Extended grey numbers and their operations [C]. Proceeding of 2007 IEEE international conference on fuzzy systems and intelligent services, Man and Cybernetics, Montreal, Canada, 2181-2186.

[12] 刘思峰, 杨英杰, 吴利丰. 灰色系统理论及其应用(第七版)[M]. 北京: 科学出版社, 2014.

[13] 罗党. 三参数区间灰数信息下的决策方法 [J]. 系统工程理论与实践, 2009, 29 (1): 124-130.

[14] Wang Q, Liu K. The mathematical method of grey systematic theory and its application (in Chinese) [C]. Publishing House of Southwestern China University of Communication, Chengdu, 1990.

［15］Wang Q，Wu H. The concept of grey number and its property［C］. In: Proceedings of NAFIPS，USA，1998: 45–49.

［16］刘思峰,方志耕,谢乃明.基于核和灰度的区间灰数运算法则[J]. 系统工程与电子技术，2010，32（2）：313–316.

［17］Liu S F，Fang Z G. General grey numbers and their operations［J］. Grey Systems: Theory and Application，2012，2（3）：341–349.

［18］Ishibuchi H，Tanaka H. Multiobjective programming in optimization of the interval objective function［J］. European Journal of Operational Research，1990，48（2）：219–225.

［19］Kundu S. Min–transitivity of fuzzy leftness relationship and its application to decision making［J］. Fuzzy Sets and Systems，1997，86（3）：357–367.

［20］Sengupta A，Pal T K. On comparing interval numbers［J］，European Journal of Operational Research［J］. 2000，127（1）：28–43.

［21］Cakir O. The grey extent analysis［J］. Kybernetes，2008，37（7）：997–1015.

［22］Cakir O. On visualizing the number comparison scheme in grey extent analysis［J］. Kybernetes，2013，42（1）：94–105.

［23］王洁方，刘思峰.三参数区间灰数排序及其在区间 DEA 效率评价中的应用［J］.系统工程与电子技术，2011，33（1）：106-109.

［24］周欢，王坚强，王丹丹.基于 Hurwicz 的概率不确定的灰色随机多准则决策方法［J］.控制与决策，2015，30（3）：556–560.

［25］Lin Y H, Lee P C, Chang T P. Integrating grey number and Minkowski distance function into grey relational analysis technique to improve the decision quality under uncertain information［J］. Construction Management and Economics, 2008, 26: 115–123.

［26］Wang Z X, Chen B. A novel grey situation decision making model with grey numbers［C］. IEEE International Conference on Grey Systems and Intelligent Services. Nanjing, 2011: 592–596.

［27］Xie N M, Liu S F. A novel grey relational model based on grey number sequences［J］. Grey Systems: Theory and Application, 2011, 1（2）: 117–128.

［28］陈孝新, 刘思峰. 部分权重信息且对方案有偏好的灰色关联决策法［J］. 系统工程与电子技术, 2007, 29（11）: 1868–1871.

［29］陈孝新, 刘思峰. 灰色多属性决策的模糊互补判断矩阵排序方法［J］. 系统工程与电子技术, 2008, 30（10）: 1887–1889.

［30］陶志富, 周礼刚, 陈华友. 区间灰色多属性决策 IOWA 算子赋权方法研究［J］. 武汉理工大学学报（信息与管理工程版）, 2010, 32（3）: 430–433.

［31］Luo D, Wang X. The multi–attribute grey target decision method for attribute value within three–parameter interval grey number［J］. Applied mathematical modelling, 2012, 36: 1957–1963.

［32］闫书丽, 刘思峰, 朱建军, 等. 基于熵测度的三参数区间数信息下的 TOPSIS 决策方法［J］. 中国管理科学, 2013, 21（6）: 145–151.

［33］王娜, 胡丽平, 李炳军. 三参数区间灰数的距离熵模型及其应用

研究〔J〕.河南农业大学学报，2014，48（3）：386-390.

〔34〕王坚强，王丹丹.基于扩展灰数 Hausdorff 距离的随机多准则决策方法〔J〕.控制与决策，2014，29（10）：1823-1827.

〔35〕Chithambaranathan P，Subramanian N，Gunasekaran A，et al. Service supply chain environmental performance evaluation using grey based hybrid MCDM approach〔J〕. International Journal of Production Economics，2015，166: 163-176.

〔36〕Kuang H，Kilgour D M，Hipel K W. Grey-based PROMETHEE Ⅱ with application to evaluation of source water protection strategies〔J〕. Information Sciences，2015，294: 376-389.

〔37〕Yan G，Liu C C，Shao Z Y. Analysis of Influencing Factors for the Grey Multi-attribute Group Decision Making〔C〕. Proceedings of 2009 IEEE International Conference on Grey Systems and Intelligent Services，Nanjing，2009: 1081-1086.

〔38〕Su C M，Horng D J，Tseng M L，et al. Improving sustainable supply chain management using a novel hierarchical grey-DEMATEL approach〔J〕. Journal of Cleaner Production，2015，DOI: 10.1016/j.jclepro.2015.05.080.

〔39〕Xia XQ，Govindan K，Zhu QH. Analyzing internal barriers for automotive parts remanufacturers in China using grey-DEMATEL approach〔J〕. Journal of Cleaner Production，2015，87: 811-825.

〔40〕Gong Z W. An optimal method for grey group decision making〔C〕. IEEE International Conference on Advanced Management Science，Nanjing，2010: 422-426.

［41］Chen X X，Luo C L. Hybrid Grey Multiple Attribute Decision-making Method with Partial Weight Information ［C］. IEEE International Conference on Grey Systems and Intelligent Services，Nanchang，2011，551–555.

［42］Cui J，Liu S F，Dang Y G，et al. A grey multi-stage dynamic multiple attribute decision making method ［C］. IEEE International Conference on Grey Systems and Intelligent Services，Nanjing，2011，548–550.

［43］Luo D，Luo D X，Zhang Y，et al. Research on grey risk decision-making method based on priority index ［J］. 2008 IEEE International Conference on Systems，Man and Cybernetics，1305–1308.

［44］Chen X X. Grey multiple attribute decision making method based on the minimax regret approach ［C］. Proceedings of 2009 IEEE international conference on grey systems and intelligent services，Nanjing，2009，1066–1069.

［45］陈孝新,刘思峰.一种部分权重信息的灰色多属性群决策方法[J]. 系统工程与电子技术，2009，31（4）：843–846.

［46］闫书丽，刘思峰，吴利丰.一种基于前景理论的三参数区间灰数型群体灰靶决策方法［J］.控制与决策，2015，30（1）：105–109.

［47］王霞,党耀国.三参数区间灰数信息下的动态多属性决策方法[J]. 控制与决策，2015，30（9）：1623–1629.

［48］冯·纽曼，摩根斯坦.博弈论与经济行为［M］.上海：三联书店，2004.

［49］Bemoulli D. Exposition of a new theory on the measurement of risk［J］. Econometrica，1954，22（1）：23–36.

［50］Bayes. An essay toward solving a Problem in the doctrine of chances［J］. PhilosoPhical Transactions of the Royal Society of London，1763，53: 370–418.

［51］Von Neumann J，Morgenstern O. Theory of games and economic behavior［M］. Princeton: Princeton Univ. Press，1944.

［52］Savage L J. The theory of statistical decision［J］. Journal of American Statistics Association，1951，46（1）：55–67.

［53］文平,贾达明. 基于期望效用理论的二行动线性决策问题研究［J］. 2015，45（19）：131–134.

［54］Keeney R L，Raiffa H. Decisions with Multiple Objectives［M］. New York: John Wiley & Sons，1976.

［55］Von Winterfeldt D，Edwards W. Decision Analysis and Behavioral Research［M］. Cambridge: Cambridge University Press，1986.

［56］Ward A. Statistical Decision Functions［M］. New York: John Wiley & Sons，1950.

［57］Blackwell D，Girshick M A. Theory of Games and statistical Decisions［M］. New York: Wiley，1954.

［58］Martel J M，Zaras K. Dominance stochastique en analyse muticritere face au risqué Cahier du Lamsade［D］. 1990.

［59］Zaras K，Martel J M. Models and experiments in risk and rationality［M］. Dordrecht: Kluwer Academic Publishers，1994: 225–248.

［60］Martel J M，Zaras K. Stochastic dominance in multicriterion analysis under risk [J]. Theory and Decision, 1995, 39: 31–49.

[61] Bawa V S. Stochastic dominance: a research bibliography [J]. Management Science, 1982, 28: 698–712.

[62] Levy H. Stochastic dominance: investment decision making under uncertainty [M]. Dordrecht: Kluwer Academic Publishers, 1998.

[63] Leshno M, Levy H. Preferred by "all" and preferred by "most" decision makers: almost stochastic dominance [J]. Management Science, 2002, 48: 1074–1085.

[64] Ustinovichius L, Simanaviciene R. The Application of Stochastic Dominance to Sensitivity Analysis in Quantitative Multiple Criteria Decision Making (MCDM-1) [C]. Proceedings of the 5th international conference on Cooperative Design, Visualization, and Engineering, 2008: 184–191.

[65] 樊治平，姜广田，张尧，等．一种基于随机占优的多种信息形式的 MADM 方法 [J]．运筹与管理，2010，19（1）：37–42.

[66] 唐爱国．效用偏好同类者广义随机占优——具有 S 型效用函数的群体决策规则 [J]．经济科学，2005，2: 119–128.

[67] 李昊．基于概率权重函数和随机占优准则的开放式基金评级 [J]．中国管理科学，2013，21（1）：23–30.

[68] Zaras K. Rough approximation of a preference relation by a multiattribute stochastic dominance for determinist and stochastic evaluation problems [J]. European Journal of Operational Research, 2001, 130: 305–314.

[69] Zaras K. Rough approximation of a preference relation b a

multiattribute dominance for deterministic, stochastic and fuzzy decision problems [J]. European Journal of Operational Research, 2004, 159: 196-206.

[70] Pawlak Z. Rough sets: theoretical aspects of reasoning about data [M]. Dordrecht: Kluwer Academic Publishers, 1991.

[71] 巩红禹, 魏立力. 基于粗糙集的随机优势决策方法 [J]. 统计与决策, 2007, 8: 60-62.

[72] 韩敏, 孙昭旭, 邱菀华, 等. 基于随机占优关系的 ELECTRE Ⅲ 方法 [J]. 系统工程, 2006, 149: 118-121.

[73] Nowak M. INSDECM-an interactive procedure for stochastic multicriteria decision problems [J], European Journal of Operational Research, 2006, 175: 1413-1430.

[74] Nowak M. Aspiration level approach in stochastic MCDM problems[J]. European Journal of Operational Research, 2007, 177: 1626-1640.

[75] Zaras K. Rough approximation of pairwise comparisons described by multiattribution stochastic dominance [J]. Journal of Multi-criteria Decision Analysis, 1999, 8: 291-297.

[76] Yao S B, Yue C Y. Approach to stochastic multiattribute decision problems using rough sets theory [J]. Journal of Systems Engineering and Electronics, 2006, 17 (1): 103-108.

[77] Nowak M. Preference and veto thresholds in multicriteria analysis based on stochastic dominance [J]. European Journal of Operational Research, 2004, 158: 339-350.

[78] Zhang Y, Fan Z P, Liu Y. A method based on stochastic dominance

degrees for stochastic multiple criteria decision making [J].
Computers & Industrial Engineering, 2010, 58: 544–552.

[79] 张尧, 樊治平. 基于随机占优度的随机多属性决策方法 [J]. 系统管理学报, 2010, 19（4）: 371–378.

[80] 张尧, 樊治平. 基于近似随机优势度的随机多属性决策方法 [J]. 东北大学学报（自然科学版）, 2010, 31（9）: 1357–1360.

[81] Liu Y, Fan Z P, Zhang Y. A method for stochastic multiple criteria decision making based on dominance degrees [J]. Information Sciences, 2011, 181: 4139–4153.

[82] Lahdelma R, Hokkanen J, Salminen P. SMAA–Stochastic multiobjective acceptability analysis [J]. European Journal of Operational Research, 1998, 106: 137–143.

[83] Tervonen T, Lahdelma R. Implementing stochastic multicriteria acceptability analysis [J]. European Journal of Operational Research, 2007, 178: 500–513.

[84] Aerten W, Kint V, Orshoven J V, et al. Evaluation of modelling techniques for forest site productivity prediction in contrasting ecoregions using stochastic multicriteria acceptability analysis（SMAA）[J]. Environmental Modelling & Software, 2011, 26: 929–937.

[85] Lahdelma R, Salminen P. SMAA–2: Stochastic multicriteria acceptability analysis for group decision making [J]. Operations Research, 2001, 49: 444–454.

[86] Lahdelma R, Salminen P. Pseudo–criteria versus linear utility

function in stochastic multi-criteria acceptability analysis [J] . European Journal of Operational Research, 2002, 141: 454-469.

[87] Lahdelma R, Salminen P, Hokkanen J. Locating a waste treatment facility by using stochastic multicriteria acceptability analysis with ordinal criteria [J] . European Journal of Operational Research, 2002, 142: 345-356.

[88] Lahdelma R, Salminen P. Stochastic multi-criteria acceptability analysis using the data envelopment model [J] . European Journal of Operational Research, 2006, 170: 241-252.

[89] Lahdelma R, Salminen P. Stochastic multi-criteria acceptability analysis using achievement functions [J] . Turku Centre for Computer Science, 2002, 459: 1-12.

[90] Lahdelma R, Salminen P. Prospect theory and stochastic multi-criteria acceptability analysis (SMAA) [J] . Omega, 2009, 37: 961-971.

[91] Tervonen T, Lahdelma R, Dias J A, et al. SMAA-TRI: A Parameter Stability Analysis Method For ELECTRE-TRI, In Environmental Security in Harbors and Coastal Areas, eds. G. A. Kiker and I. Linkov, Springer, Berlin, 2007: 217-231.

[92] Angilella S, Corrente S, Greco S. SMAA-Choquet: Stochastic Multicriteria Acceptability Analysis for the Choquet Integral [J] . Communications in Computer and Information Science, 2012, 300: 248-257.

[93] Yang F, Zhao F, Liang L, et al. SMAA-AD Model in Multicriteria

Decision-Making Problems with Stochastic Values and Uncertain Weights [J]. Annals of Data Science, 2014, 1（1）: 95-108.

[94] Corrente S, Figueira J R, Greco S. The SMAA-PROMETHEE method [J]. European Journal of Operational Research, 2014, 239: 514-522.

[95] Okul D, Gencer C, Aydogan E K. A Method Based on SMAA-Topsis for Stochastic Multi-Criteria Decision Making and a Real-World Application [J]. International Journal of Information Technology & Decision Making, 2014, 13（5）957-978.

[96] 张晓, 樊治平. 基于前景随机占优的多属性多标度大群体决策方法 [J]. 控制与决策, 2014, 29（8）: 1429-1433.

[97] 胡军华, 杨柳, 刘咏梅. 基于累积前景理论的动态随机多准则决策方法 [J]. 软科学, 2012, 26（2）: 132-135.

[98] Tan C Q, Ip WH, Chen X H. Stochastic multiple criteria decision making with aspiration level based on prospect stochastic dominance [J]. Knowledge-Based Systems, 2014, 70: 231-241.

[99] 郝晶晶, 朱建军, 刘思峰. 基于前景理论的多阶段随机多准则决策方法 [J]. 中国管理科学, 2015, 23（1）: 73-81.

[100] 张晓, 樊治平. 一种基于前景随机占优准则的随机多属性决策方法 [J]. 控制与决策, 2010, 25（12）: 1875-1879.

[101] 张晓, 樊治平, 陈发动. 基于后悔理论的风险型多属性决策方法 [J]. 系统工程理论与实践, 2013, 33（9）: 2313-2320.

[102] 张晓, 樊治平, 陈发动. 考虑后悔规避的风险型多属性决策方法 [J]. 系统管理学报, 2014, 23（1）: 111-117.

［103］Zhou H，Wang J Q，Zhang H Y. Grey stochastic multi-criteria decision-making based on regret theory and TOPSIS［J］. International Journal of Machine Learning and Cybernetics，2015，DOI: 10.1007/s13042-015-0459-x.

［104］王坚强，任剑.基于WC-OWA算子的随机多准则决策方法［J］.控制与决策，2007，12（22）：1429-1432.

［105］Fan Z P，Liu Y，Feng B. A method for stochastic multiple criteria decision making based on pairwise comparisons of alternatives with random evaluations［J］. European Journal of Operational Research，2010，207: 906-915.

［106］任剑，高阳.基于区间运算的随机多准则决策方法［J］.系统工程与电子技术，2010，2（32）：309-312.

［107］童玉娟，王志国.概率为区间灰数的多目标风险型决策方法［J］.中国西部科技，2008，7（5）：37-38.

［108］王坚强，任世昶，陈晓红.灰色随机多准则决策的优劣势排序法［J］.控制与决策，2009，24（5）：701-705.

［109］罗党，刘思峰.灰色多指标风险型决策方法研究［J］.系统工程与电子技术，2004，26（8）：1057-1060.

［110］罗党，周玲，罗迪新.灰色风险型多属性群决策方法［J］.系统工程与电子技术，2008，30（9）：1674-1678.

［111］王坚强，任世昶.基于期望值的灰色随机多准则决策方法［J］.控制与决策，2009，24（1）：39-43.

［112］王坚强，周玲.基于最大隶属度的区间概率灰色随机多准则决策方法［J］.控制与决策，2010，25（4）：493-496.

［113］Zhang Z G，Cai J F. Research on multiple attribute decision making under uncertainty based on grey theory［C］. The 1st International Conference on Information Science and Engineering，2009: 4462–4466.

［114］胡振华，杜妮. 一类灰色随机多准则群决策方法［J］. 湖南师范大学自然科学学报，2011，34（2）: 20–24.

［115］王坚强，周玲. 基于前景理论的灰色随机多准则决策方法［J］. 系统工程理论与实践，2010，30（9）: 1658–1664.

［116］丁进进，宋博. 一种基于前景理论的灰色多属性风险型决策方法［J］. 华北水利水电学院学报，2012，33（3）: 111–115.

［117］Li Q S，Zhao N. Stochastic interval–grey number VIKOR method based on prospect theory［J］. Grey Systems: Theory and Application，2015，5（1）: 105–116.

［118］Xu H F，Fang Z G. Grey number operation principle based on probability distribution［C］. Proceeding of 2009 IEEE international conference on grey systems and intelligent services，Nanjing，2009: 335–339.

［119］Li G D，Yamaguchia D，Nagaib M. A grey–based decision–making approach to the supplier selection problem［J］. Mathematical and Computer Modelling，2007，46: 573–581.

［120］Lin Y H，Lee P C，Ting H I. Dynamic multi–attribute decision making model with grey number evaluations［J］. Expert Systems with Applications，2008，35（4）: 1638–1644.

［121］Duarte B P M. The expected utility theory applied to an industrial decision problem—what technological alternative to implement to treat industrial solid residuals〔J〕. Computers & Operations Research, 2001, 28（4）: 357–350.

［122］Levy H. Stochastic dominance and expected utility: survey and analysis〔J〕. Management Science, 1992, 38（4）: 555–593.

［123］Graves S B, Ringuest J L. Probabilistic dominance criteria for comparing uncertain alternatives: A tutorial〔J〕. Omega, 2009, 37: 358–379.

［124］宋世领. 基于 SMAA 的多属性项目组合选择〔D〕. 中国科学技术大学, 2015.

［125］Kahneman D, Tversky A. Prospect theory: an analysis of decision under risk〔J〕. Economica, 1979, 47: 263–292.

［126］Bell D E. Regret in decision making under uncertainty〔J〕. Operations Research, 1982, 30（5）: 961–981.

［127］Loomes G, Sugden R. Regret theory: an alternative theory of rational choice under uncertainty〔J〕. The Economic Journal, 1982, 92（368）: 805–824.

［128］Laciana C E, Weber E U. Correcting expected utility for comparisons between alternative outcomes: a unified parameterization of regret and disappointment〔J〕. Journal of Risk and Uncertainty, 2008, 36（1）: 1–17.

［129］Quiggin J. Regret theory with general choice sets〔J〕. Journal of Risk and Uncertainty, 1994, 8（2）: 153–165

［130］Hwang C L, Yoon K. Multiple attribute decision making: methods and applications ［M］. Springer, Berlin, Heidelberg, 1981.

［131］Opricovic S, Tzeng G H. Multicriteria planning of post-earthquake sustainable reconstruction ［J］. Computer-Aided Civil and Infrastructure Engineering, 2002, 17（3）: 211-220.

［132］Gomes L F A M, Lima M M P P. TODIM: Basic and application to multi criteria ranking of projects with environmental impacts ［J］. Foundations of Computing and Decision Sciences, 1992, 16: 113-127.

［133］Brans J P. L'ing é ni è rie de la decision; elaboration d'aide à la decision ［M］. La method Promethee. Qu é bec: Presses de l' Universite Laval, 1982.

［134］徐玖平, 吴巍. 多属性决策的理论与方法 ［M］. 北京: 清华大学出版社, 2006.

［135］Benayoun R, Roy B, Sussman N. Manual de reference du programme electre ［D］. Note de Synthese et Formation, No.25, 25.Paris: Direction Scientifique SEMA, 1966.

［136］Bojković N, Anić I, Pejčić -Tarle S. One solution for cross-country transport-sustainability evaluation using a modified ELECTRE method ［J］. Ecological Economics, 2010, 69: 1176-1186.

［137］Marzouk M M. ELECTRE Ⅲ model for value engineering applications ［J］. Automation in Construction, 2011, 20: 596-600.

［138］Figueiraa J R, Almeida-Dias J, Matiasd S, et al. Electre Tri-C. A multiple criteria decision aiding sorting model applied to assisted reproduction ［J］. International Journal of Medical Informatics,

2011，80: 262–273.

［139］龚俊华.集成的 ELECTRE 方法研究［D］，四川大学，2006.

［140］Hanandeh A E，El–Zein A. The development and application of multi–criteria decision–making tool with consideration of uncertainty: the selection of a management strategy for the bio–degradable fraction in the municipal solid waste［J］. Bioresource Technology，2010，101: 555–561.

［141］Haurant P，Oberti P，Muselli M. Multicriteria selection aiding related to photovoltaic plants on farming fields on Corsica island: A real case study using the ELECTRE outranking framework［J］. Energy Policy，2011，39: 676–688.

［142］Roy B. The outranking approach and the foundations of ELECTRE methods［J］. Theory and Decision，1991，31: 49–73.

［143］Allais M. Le comportement de l' homme rationnel devant le risque: critique des postulats et axiomes de l' ecole Americaine［J］. Econometrica，1953，21（4）: 503–546.

［144］Xu ZS，Chen J. Ordered weighted distance measure［J］. Journal of Systems Science and Systems Engineering，2008，17（4）: 432–445.

［145］Merig ó J M，Gil–Lafuente A M. New decison–making techniques and their application in the selection of financial products［J］. Information Sciences，2010，180（11）: 2085–2094.

［146］Zeng S Z，Su W H. Intuitionistic fuzzy ordered weighted distance operator［J］. Knowledge–Based Systems，2011，24（8）:

1224–1232.

［147］Merigó J M, Casanovas M. Decision-making with distance measures and induced aggregation operators ［J］. Computer & Industrial Engineering, 2011, 60: 66–76.

［148］Li C G, Zeng S Z, Pan T J, et al. A method based on induced aggregation operators and distance measures to multiple attribute decision making under 2-tuple linguistic environment ［J］. Journal of Computer and System Sciences, 2014, 80: 1339–1349.

［149］Yager R R. On ordered weighted averaging aggregation operators in multi-criteria decision making ［J］. IEEE Transactions on Systems, Man and Cybernetics B, 1988, 18（1）: 183–190.

［150］Ali M M. Stochastic dominance and portfolio analysis ［J］. Journal of Financial Economics, 1975, 2（2）: 205–229.

［151］Xue Y X, You J X, lai X D, et al. An interval-valued intuitionistic fuzzy MABAC approach for material selection with incomplete weight information ［J］. Applied Soft Computing, 2016, 38: 703–713.

［152］Qi X, Liang C, Zhang J. Generalized cross-entropy based group decision making with unknown expert and attribute weights under interval-valued intuitionistic fuzzy environment ［J］. Computer & Industrial Engineering, 2015, 79: 52–64.

［153］M. Zeleny. Multiple Criteria Decision Making ［M］. McGraw-Hill, New York, 1982.

［154］Lahdelma R, Salminen P. SMAA-2: stochastic multicriteria acceptability analysis for group decision making. Operations

Research, 2001, 49（3）: 444-454.

［155］Hokkanen J, Lahdelma R, Salminen P. Multicriteria decision supporting technology competition for cleaning polluted soil in Helsinki［J］. Journal of Environmental Management, 2000, 60: 339-348.

［156］Simon H A. Administrative behavior: a study of decision-making process in administrative organization［M］. Macmillan publishing co, Inc., New York, 1971.

［157］Zhou H, Wang J Q, Zhang H Y. Grey stochastic multi-criteria decision-making approach based on prospect theory and distance measures［J］. The Journal of Grey System, 2017, 29（1）:15-33.

［158］Tversky A, Kahneman D. Advances in prospect theory: cumulative representation of uncertainty. Journal of Risk and Uncertainty, 1992, 5（4）: 297-323.

［159］Zhang X, Fan Z P, Chen F D. Method for risky multiple attribute decision making based on regret theory［J］. Systems Engineering-Theory & Practice, 2013, 33（9）: 2313-2320.

［160］Casella G, Berger R L. Statistical inference （2nd edition）［M］. Duxbury Press, Belmont, California, 2001.

［161］He D Y. Decision-making under the condition of probability interval by maximum entropy principle［J］. Operations Research and Management Science, 2007, 16: 74-78.

［162］Yager R R, Kreinovich V. Decision making under interval probabilities［J］. International Journal of Approximate

Reasoning，1999，22（3）：195–215.

［163］Wang J Q，Zhang H Y，Ren S C. Grey stochastic multi–criteria decision–making approach based on expected probability degree［J］. Scientia Iranica，2013，20（3）：873–878.

［164］詹文杰，白延涛 . 基于动态 Hurwicz 准则的连续双向拍卖报价策略研究［J］.管理学报，2014，11（3）：416–420.

［165］Sheng L X，Zhu Y G，Hamalainen T. An uncertain optimal control model with Hurwicz criterion［J］. Applied Mathematics and Computation，2013，224: 412–421.

［166］董银红，付丽丽，任俊博 . 基于不同决策准则的应急资源布局模型［J］.统计与决策，2012，23: 41–45.

［167］格莱哲 . 摩根 . 不确定性［M］.北京大学出版社，2011.

［168］Hurwicz L. Some specification problems and application to econometric models［J］.Econometrica，1951，19: 343–344.

［169］Fahriye U，Ömür T. Multi criteria analysis of the residential properties in Antalya using TODIM method［J］. Procedia–Social and Behavioral Sciences，2014，109: 322–326.